Kanji Kachhot

Química para indústrias limpas: Soluções ETP

Kanji Kachhot

Química para indústrias limpas: Soluções ETP

Harmonia com a Natureza: ETPs e Química Ambiental

Imprint

Any brand names and product names mentioned in this book are subject to trademark, brand or patent protection and are trademarks or registered trademarks of their respective holders. The use of brand names, product names, common names, trade names, product descriptions etc. even without a particular marking in this work is in no way to be construed to mean that such names may be regarded as unrestricted in respect of trademark and brand protection legislation and could thus be used by anyone.

Cover image: www.ingimage.com

This book is a translation from the original published under ISBN 978-620-7-47196-6.

Publisher:
Sciencia Scripts
is a trademark of
Dodo Books Indian Ocean Ltd. and OmniScriptum S.R.L publishing group

120 High Road, East Finchley, London, N2 9ED, United Kingdom
Str. Armeneasca 28/1, office 1, Chisinau MD-2012, Republic of Moldova, Europe
Printed at: see last page
ISBN: 978-620-7-98342-1

CAPÍTULO 01

1.1: Resumo

A área em Adani Wilmar Ltd-Mundra, distrito de Kachchh, Gujarat, Índia, foi selecionada para discutir o impacto da variação da qualidade das águas residuais na irrigação e na saúde humana, onde a agricultura é o principal meio de subsistência da população rural e as águas subterrâneas são a principal fonte de irrigação e consumo. As amostras de águas subterrâneas recolhidas sazonalmente, antes e depois do inverno, durante dois meses, de vinte e uma amostras de água da zona, foram analisadas quanto ao pH, CE, TDS, TH, dureza do Ca, Ca^{+2}, Mg^{+2}, Na^+, K^+, Li^+, e metais pesados (Pb, Cu, Cd, Zn). Uma comparação da qualidade das águas subterrâneas com as normas de qualidade da água potável prova que estas condições são causadas pela lixiviação de sais dos materiais sobrejacentes através da infiltração de águas de recarga. Sugere-se um plano de gestão para o desenvolvimento sustentável da área.

A maior parte das bacias hidrográficas está a fechar ou a sofrer uma grave escassez de água, provocada pelos efeitos simultâneos do crescimento agrícola e da industrialização, e as estações de tratamento de efluentes comuns, para tratar os efluentes das indústrias de pequena escala, também não cumprem as normas prescritas. Assim, os efluentes das estações de tratamento, muitas vezes, não são adequados para fins domésticos e a reutilização das águas residuais restringe-se, na sua maioria, a fins agrícolas e industriais. O desenvolvimento de tecnologias inovadoras para o tratamento de águas residuais de várias indústrias é uma questão de preocupação alarmante para nós. Embora tenham sido publicados muitos trabalhos de investigação sobre estudos de controlo da poluição das águas residuais, são muito poucos os trabalhos de investigação sobre o tratamento das águas residuais das indústrias siderúrgicas, especialmente no que se refere ao desenvolvimento da conceção de sistemas de estações de tratamento de efluentes industriais (ETP). Outro aspeto benéfico deste trabalho de investigação será a reciclagem e a reutilização da água e das lamas da indústria siderúrgica. Todas as tecnologias de tratamento das águas residuais industriais podem ser divididas em quatro categorias: - abordagens químicas, físicas, biológicas e matemáticas. Palavras-chave - Águas residuais, Estações de tratamento de efluentes (ETP), Avaliação do impacte ambiental (AIA) e Tratamento físico.

1.2: Introdução

Disponibilidade de água e usos

A água é um dos recursos naturais mais vitais para toda a vida na Terra. A disponibilidade e a qualidade da água sempre desempenharam um papel importante na determinação não só do local onde as pessoas podem viver, mas também da sua qualidade de vida. O recurso hídrico total utilizável no país foi estimado em cerca de 1123 milhões de metros cúbicos (690 milhões de metros cúbicos da superfície e 433 milhões de metros cúbicos do solo), o que representa apenas 28% da água proveniente da precipitação. Cerca de 85% (688 BCM) da utilização da água está a ser desviada para irrigação, o que pode aumentar para 1072 BCM até 2050. A principal fonte de água para irrigação é a água subterrânea. A utilização da água pode significar a quantidade de água utilizada por um agregado familiar ou por um país

A utilização da água é categorizada da seguinte forma

A utilização comercial da água inclui água doce para motéis, hotéis, restaurantes, edifícios de escritórios, outras instalações comerciais e instituições civis e militares. A utilização doméstica da água é provavelmente a utilização diária mais importante da água para a maioria das pessoas. A utilização doméstica inclui a água que é utilizada em casa todos os dias, incluindo a água para fins domésticos normais, tais como beber, preparar alimentos, tomar banho, lavar roupa e loiça, descarregar autoclismos e regar relvados e jardins. A utilização industrial da água é um recurso valioso para as indústrias do país, para fins como o processamento, a limpeza, o transporte, a diluição e o arrefecimento em instalações fabris. As principais indústrias utilizadoras de água incluem a siderurgia, a química, o papel e a refinação de petróleo. As indústrias reutilizam muitas vezes a mesma água para mais do que um fim.

A utilização de água de irrigação é a água aplicada artificialmente a culturas agrícolas, pomares, pastagens e hortícolas, bem como a água utilizada para irrigar pastagens, para proteção contra geadas e congelamentos, aplicação de produtos químicos, arrefecimento de culturas, colheita e para a lixiviação de sais da zona radicular das culturas.

A utilização da água para fins mineiros inclui a água para a extração de minerais naturais; sólidos, como o carvão e os minérios; líquidos, como o petróleo bruto; e gases, como o gás natural. A categoria inclui a extração de pedreiras, a moagem (como a trituração, o peneiramento, a lavagem e a flotação) e outras operações que fazem parte da atividade mineira.

Uma parte significativa da água utilizada na exploração mineira, cerca de 32%, é salina. A utilização de água para abastecimento público refere-se à água retirada por fornecedores de água públicos e privados, tais como obras hídricas municipais e de condados, e entregue aos utilizadores para fins domésticos, comerciais e industriais. Em 1995, a maioria da população do país, cerca de 225 milhões, ou 84%, utilizava água fornecida por fornecedores públicos de água.

1.3: A água: Significado e importância

A água é uma dádiva preciosa da natureza, a seguir ao ar. É um componente essencial do ambiente e sustenta a vida na terra. O homem e todos os seres vivos dependem da água para a sua sobrevivência. Uma produção agrícola óptima depende da qualidade da água e do solo. A água constitui cerca de 70% do peso corporal de quase todos os organismos vivos. A água é geralmente descrita em termos da sua natureza, utilização ou origem. A qualidade da água é uma preocupação vital para a humanidade.

No que diz respeito à qualidade ambiental, grande parte da preocupação atual centra-se na água devido à sua importância para a saúde humana e o ecossistema. Para a agricultura, a indústria e mesmo a existência humana, a água doce é o principal recurso, sem uma quantidade adequada de água não é possível um desenvolvimento sustentável.

A adição de esgotos, escoamento agrícola, efluentes industriais, etc. às massas de água provoca uma mudança drástica nas caraterísticas fisiológicas e na qualidade da água, o que tem sido um tema de grande interesse (Vollenweidre, 1986).

A água cobre 70% da superfície do globo, mas a maior parte é de água salgada. O ecossistema de água doce cobre apenas 0,2% da superfície terrestre total com um volume de 2,04x105 km3, apesar de este ecossistema lêntico suportar uma variedade de espécies ameaçadas e exóticas que contribuem para a qualidade estética e ambiental em todos os estados (Lieth, 1975) e grande parte está congelada no gelo polar do Antártico e da Gronelândia.

A água doce que está disponível para consumo humano provém de rios, lagos e aquíferos subterrâneos. Estas fontes representam apenas um por cento de toda a água existente na Terra. Seis mil milhões de pessoas dependem deste abastecimento e uma parte significativa da população mundial está a enfrentar escassez de água.

Nos últimos dias, o distrito de Kachchh está a enfrentar uma escassez aguda de água potável devido à má qualidade das águas subterrâneas, a menos que o município forneça água potável de boa qualidade. Por conseguinte, a avaliação da qualidade das águas subterrâneas é uma tarefa necessária e imediata para a gestão atual e futura da qualidade das águas subterrâneas no distrito de Kuchchh, devido à natureza não perene e às frequentes falhas das monções. Além disso, numerosos estudos concentraram-se na monitorização e avaliação da qualidade das águas subterrâneas para actividades domésticas e agrícolas. Estes estudos sublinharam que a monitorização e avaliação da qualidade das águas subterrâneas é uma tarefa necessária para proteger as valiosas fontes de água subterrânea e para a sua gestão.

Geralmente, as concentrações de iões dissolvidos na água subterrânea são governadas pela litologia, fluxo de água subterrânea, natureza das reacções geoquímicas, tempo de residência, solubilidade dos sais e actividades humanas (Schot & Wal 1992).

1.3 Diferentes fontes de água

O estado de uma massa de água é avaliado principalmente com base em análises físicas, químicas e biológicas. As principais fontes de água para nós são as águas superficiais e as águas subterrâneas. Para além destas duas formas de água, os seres humanos têm sido direta ou indiretamente influenciados pelos oceanos (águas marinhas).

Cerca de três quartos da Terra estão rodeados de água, mas cerca de 97% é água oceânica, que serve como fonte de alimento e de minerais valiosos.

A água é indispensável e um dos recursos naturais preciosos deste planeta e as águas subterrâneas são uma importante fonte de abastecimento de água em todo o mundo. A água é uma necessidade primordial para a sobrevivência humana e o desenvolvimento industrial e é também considerada como a única fonte de água potável em grande número de áreas rurais (Nithullal et al. 2014).

Os constituintes químicos das águas subterrâneas são um dos principais factores que determinam a adequação da água para diversos fins, como domésticos, industriais e agrícolas. Embora esta água contribua com cerca de 0,6% do total dos recursos hídricos da Terra, é responsável pelas necessidades de água doméstica rural (80%) e urbana (50%) nos países em desenvolvimento.

1.2.1 Fontes de água para as indústrias

- Água de grão
- Água de Narmada
- Água municipal

1.3 Propriedades físicas, químicas e biológicas: 1.4

As propriedades físicas e químicas de uma massa de água doce são caraterísticas das condições climáticas, geoquímicas, geomorfológicas e de poluição (em grande parte) prevalecentes na bacia de drenagem e no aquífero subjacente. A biota nesses sistemas de águas subterrâneas é inteiramente regida por várias condições ambientais que determinam a seleção das espécies e o desempenho fisiológico dos organismos individuais.

A produção primária de matéria orgânica, sob a forma de fitoplâncton e macrófitas, é mais intensa nos lagos e albufeiras do que nos rios. Ao contrário da qualidade química das massas de água, que pode ser medida por métodos analíticos adequados, a qualidade biológica é uma combinação de caraterização qualitativa e quantitativa.

Isto pode ser efectuado em dois níveis:

- Resposta de uma espécie individual a alterações no seu ambiente.
- Resposta das comunidades biológicas às alterações do seu ambiente.

A água, como solvente universal, tem a capacidade de dissolver muitas substâncias, quer sejam compostos orgânicos ou inorgânicos. Com esta propriedade extraordinária, no entanto, é quase impossível ter água na sua forma pura, uma vez que não pode ser mantida no vácuo.

A adição de vários tipos de poluentes, através de esgotos, efluentes industriais, escoamento agrícola, etc., à corrente principal de água provoca uma série de alterações nas caraterísticas físico-químicas da água, que têm sido objeto de várias investigações.

1.4 Catiões

Um catião é uma espécie iónica com uma carga positiva. A palavra "catião" vem da palavra grega "kato", que significa "para baixo". Um catião tem mais protões do que electrões, o que lhe confere uma carga positiva líquida. Os catiões com cargas múltiplas podem receber nomes especiais. Por exemplo, um catião com uma carga +2 é um dicátion. Um com carga +3 é um tricátion.

O cálcio é relativamente pouco tóxico quando administrado por via oral. Não foram registados casos de toxicidade aguda devido ao consumo de cálcio contido em vários alimentos. Peach indicou que o consumo de cálcio superior a 1.000 mg/dia, quando associado a um consumo elevado de vitamina D, pode aumentar os níveis sanguíneos de cálcio.

Um excesso de 1.000 mg/dia durante longos períodos pode deprimir os níveis de magnésio no soro. As dietas ricas em cálcio também produziram sintomas de deficiência de zinco em ratos, galinhas e porcos após uma alimentação prolongada. Os cálculos renais em humanos têm sido associados a consumos elevados de cálcio (Hegsted 1957).

O magnésio é rapidamente excretado pelos rins, pelo que é pouco provável que o magnésio presente nos alimentos e na água seja absorvido e acumulado nos tecidos em quantidades suficientes para induzir toxicidade. Os sais de magnésio são utilizados para fins terapêuticos como catárticos, por exemplo, sulfato de magnésio ($MgSO_4$), hidróxido [Mg (OH)$_2$] e citrato [Mg_3][$OOCCH_2COH(COO)CH_2COO$]; como antiácidos, por exemplo hidróxido de magnésio, carbonato [$Mg(CO_3)$] e trissilicato ($Mg_2O_8Si_3$); e como anticonvulsivantes para controlar convulsões associadas a nefrite aguda e a eclâmpsia da gravidez (sulfato de magnésio).

Em doentes com doença renal e excreção de magnésio diminuída, grandes excessos de magnésio podem levar a toxicidade grave, resultando em fraqueza muscular, hipotensão, sedação, confusão, diminuição dos reflexos tendinosos profundos, paralisia respiratória, coma e morte. Em concentrações plasmáticas superiores a 9,6 mg/100 ml (8mEq/litro), é evidente a depressão do sistema nervoso central. A anestesia é atingida perto de 12 mg/100 ml (10 mEq/litro) e a paralisia do músculo esquelético pode ser produzida com concentrações plasmáticas de aproximadamente 18 mg/100 ml (15 mEq/litro) (Peach 1975).

A poluição por metais pesados representa um importante problema ambiental devido aos seus efeitos tóxicos e à sua bioacumulação ao longo da cadeia alimentar. As principais fontes de poluição por metais pesados incluem as indústrias de galvanoplastia, pintura e tratamento de superfícies. Alguns metais de transição em níveis vestigiais no nosso metabolismo são importantes para uma boa saúde.

Os metais pesados que ocorrem normalmente na natureza não são prejudiciais para o nosso ambiente, porque só estão presentes em quantidades muito pequenas. No entanto, se os níveis destes metais forem superiores aos níveis de uma vida saudável, o papel destes metais passa a ser negativo.

As fontes diretas dos iões de metais pesados são os alimentos e a água e as fontes indirectas são as actividades industriais e o tráfego. Alguns metais pesados, como o Cu, Fe, Mn, Ni e Zn, são micronutrientes obrigatórios para a flora-fauna e os micróbios.

A quantidade de compostos de cobre na natureza é mínima. O cobre entra nas águas subterrâneas através da meteorização de minerais e rochas que contêm cobre. O cobre é essencial para a vida e a saúde humanas, mas, como todos os metais pesados, é potencialmente tóxico, uma vez que a inalação continuada de pulverizações contendo cobre está associada a um aumento do cancro do pulmão entre os trabalhadores expostos.

Por outro lado, a falta de ingestão de cobre provoca anemia, inibição do crescimento e problemas de circulação sanguínea. Os sintomas de envenenamento grave por cobre incluem homólise extensa, necrose hepática, nefropatia, coma e doença de Wilson.

O envenenamento por chumbo foi reconhecido como uma doença profissional durante séculos e está associado a danos graves e subtis para a saúde. Uma concentração mais elevada de chumbo na água potável tem efeitos adversos no sistema nervoso central, nas células sanguíneas e pode causar lesões cerebrais.

O crómio está presente em pequenas quantidades na natureza. Está mais presente nas rochas do que nas de tipo silicioso. A toxicidade do crómio depende da sua forma físico-química; os sais hexavalentes são considerados os mais perigosos.

O níquel é também um elemento não tóxico, mas afecta os processos fisiológicos em concentrações muito elevadas. O elevado nível de níquel nas águas deve-se à mistura de uma variedade de resíduos, incluindo os de oficinas de reparação de automóveis, unidades de galvanoplastia, processos de fabrico de utensílios, esgotos e escoamento agrícola. A elevada concentração de metais pesados é atribuída ao escoamento para a massa de água.

O mercúrio é um elemento tóxico e não tem qualquer função fisiológica no homem, ou seja, não é um elemento essencial. A água com elevado teor de mercúrio não é adequada para consumo. Tendo em conta a natureza perigosa da contaminação da água por metais pesados, é imperativo iniciar este estudo para avaliar o problema e sugerir formas e meios de diminuir o risco de contaminação da água potável por metais pesados tóxicos.

Para conhecer a concentração máxima aceitável de metais pesados na água potável, foram estabelecidas diretrizes por diferentes organizações internacionais, como a USEPA, a OMS, a

EPA e a Comissão da União Europeia (Rajasekaran et.al 2014).

A elevada contaminação por arsénico dos aquíferos subterrâneos na parte oriental do país é atribuída à oxidação da pirite pelo oxigénio atmosférico introduzido nas águas subterrâneas devido à bombagem de poços tubulares (Kunwar et.al. 2005).

CAPÍTULO 02

A Adani Wilmar Ltd. dedica-se ao fabrico de uma série de produtos para o segmento do consumo. Estes produtos podem ser classificados em óleos alimentares, arroz, Besan e leguminosas. A empresa é uma empresa comum entre o Grupo Adani da Índia e a Wilmar International Limited de Singapura. Constituída no ano de 1999, a empresa está sedeada em Gujarat.

Quais são os produtos do Adani Group?

Empresas Adani	Fabrico de energia solar. A maior empresa de fabrico solar integrado da Índia. .
Adani Green Energy	Produção de energia renovável. ...
Adani Ports & SEZ	Logística agrícola. ...
Adani Tranismission	Transmissão de energia
Adani Total Gás	Distribuição de gás.
Adani Power	Produção de energia térmica
Outros	Óleos comestíveis e alimentos.

A empresa possui a maior gama de óleos alimentares que abrange as categorias de

- Soja,
- Sol,
- Mostarda,
- Farelo de arroz,
- Amendoim,
- Sementes de algodão.

Para além dos óleos alimentares, a AWL também se lançou no mercado dos produtos embalados

- Arroz Basmati,
- Leguminosas, pedaços de soja,
- Besan, Fortune Chakki Atta fresca,
- Khichdi de superalimentos e açúcar pronto a cozinhar.

Lançou também Soya Chunkies, um snack saudável que é fácil de cozinhar e que é uma fonte de proteínas.

Do mesmo modo, como uma extensão lógica do nosso bem sucedido lançamento do Fortune Chakki Fresh Atta, a Adani

A Wilmar Ltd introduziu produtos como

- Maida,
- Sooji e
- Rawa, reforçando ainda mais a nossa carteira de produtos alimentares. Sair da cozinha e entrar na categoria de cuidados pessoais e da pele,

A Adani Wilmar Ltd lançou o seu primeiro produto -

- Sabão Alife e
- adicionou recentemente o Handwash & Hand Sanitizer ao cesto de produtos de higiene

pessoal.

A carteira de produtos da Adani Wilmar abrange várias marcas, tais como

- A sorte,
- King's,
- Bala, Raag,
- Avsa r,
- Pilaf,
- Jubileu,
- Fryola,
- A

Sobre o óleo comestível

ADANI WILMAR oferece uma vasta gama de produtos de óleos alimentares, incluindo

- óleo de soja,
- óleo de palma,
- óleo de girassol,
- óleo de farelo de arroz,
- óleo de mostarda,
- óleo de amendoim,
- óleo de semente de algodão,
- óleo misturado,
- vanaspati e
- gorduras especiais.

Oleoquímicos, incluindo ácidos esteárico, massa de sabão, ácido palmítico, ácido oleico e glicerina, que são ingredientes primários para produtos de cuidados domésticos e pessoais, incluindo sabões, detergentes, cosméticos, polímeros, produtos farmacêuticos e

Acerca dos produtos alimentares e dos produtos de grande consumo
No ano fiscal de 2013, lançámo-nos nos produtos alimentares, com destaque para os alimentos básicos. Oferecemos uma variedade de alimentos básicos embalados, incluindo farinha de trigo, arroz, besan e leguminosas. Muitos dos alimentos básicos que oferecemos incluem diferentes variantes.

new
alife
LEMON
HANDWASH
WITH GLYCERIN
fortune
new
alife
NEEM-ALOE VERA
HAND SANITIZER
WITH GLYCERIN
fortune

2.2 Transformação comercial de óleo comestível

O sistema comercial de transformação de óleo comestível é normalmente diferente do utilizado pelos pequenos produtores de óleo comestível. Existem etapas que o produtor em pequena escala não precisa ou não quer necessariamente empregar no seu produto. A figura 2 mostra um diagrama simplificado da transformação comercial de sementes oleaginosas.

A semente é plantada e colhida como qualquer outra cultura. Segue-se o processo de limpeza, que remove da colheita materiais indesejáveis, como terra e outras sementes. Nalguns casos, é preferível descascar as sementes, retirando as cascas para obter um produto final de melhor qualidade.

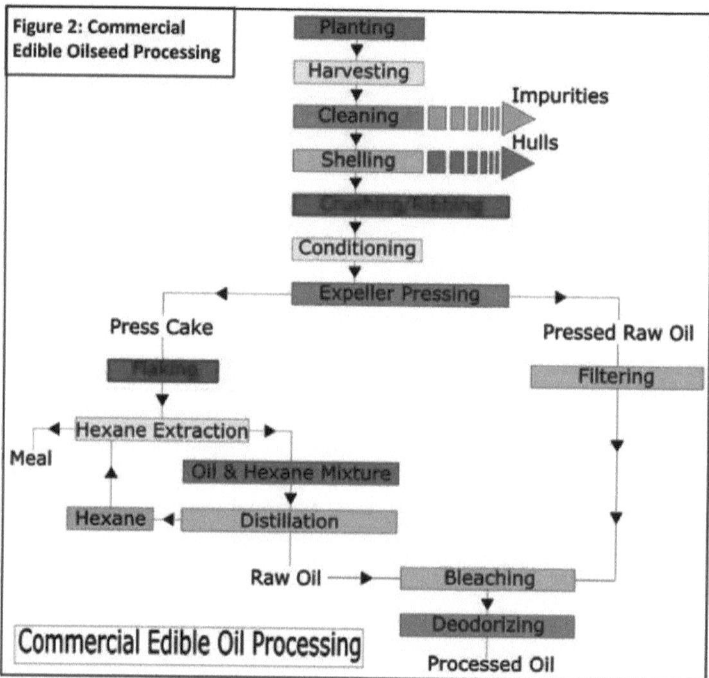

Transformação comercial de sementes oleaginosas comestíveis

Nesta fase, se a semente for grande, é esmagada ou partida em pedaços mais pequenos. Estes pedaços uniformes são depois acondicionados por aquecimento antes de serem prensados para obtenção de óleo.

Os dois produtos deste processo são o óleo bruto prensado e o bagaço de prensa, que é a matéria seca comprimida da semente.

O óleo bruto é filtrado antes de passar às etapas finais. O bagaço da prensa, no entanto, é descascado e decomposto para uma extração adicional de óleo. Os flocos são triturados e misturados com hexano para produzir uma pasta, que é aquecida. Durante o aquecimento, o hexano evapora-se e é recolhido para utilização posterior. Durante o aquecimento, a farinha liberta o restante óleo, que é misturado com uma pequena quantidade de hexano que não se evaporou.

A farinha é depois utilizada para outros fins, como uma parte da alimentação do gado. A mistura de óleo e hexano é destilada e o hexano é retirado e recolhido.

O óleo restante e o óleo do processo inicial de prensagem são branqueados com argila branqueadora e desodorizados, deixando o óleo no seu estado final, que é embalado e vendido. Todo este processo contém vários procedimentos que o pequeno produtor pode não necessitar ou desejar para o seu produto final

Óleos prensados a frio

A prensagem em pequena escala utilizando prensas de expulsão resulta em mais óleo na farinha do que no processamento químico. Normalmente, o teor de óleo na farinha resultante da prensagem em pequena escala é da ordem dos 8--15%. O processamento comercial deixa menos de 1% de óleo na farinha. Embora extrair o máximo de óleo possível da semente seja um objetivo, produzir óleo a uma temperatura inferior a 49°C (120°F) é também um objetivo importante. O óleo prensado a esta temperatura inferior a 49°C (120°F) é conhecido como óleo "prensado a frio" e é desejado por alegadas propriedades nutricionais acrescidas.

O óleo prensado a frio também é importante se o óleo for utilizado diretamente como combustível para motores, uma vez que um óleo prensado a uma temperatura mais baixa contém níveis mais baixos de fósforo. Níveis elevados de fósforo no óleo podem ser prejudiciais para um motor diesel e é um dos compostos com um limite máximo estabelecido na norma para o óleo vegetal a utilizar como combustível para motores.

Óleos RBD

Os óleos comestíveis comprados nas lojas são conhecidos como óleos "RBD". Estes são óleos que foram refinados, branqueados e desodorizados. Cada um destes passos é utilizado para criar um óleo final que é consistente em termos de sabor, cor e estabilidade.

Como resultado, estes óleos são geralmente insípidos, inodoros e incolores, independentemente do tipo ou da qualidade da semente oleaginosa original. Embora este seja o objetivo da transformação, um óleo produzido localmente pode não ter de satisfazer as mesmas expectativas que os óleos comercializados em massa.

Os óleos prensados em pequena escala que não foram processados ou que são minimamente processados retêm sabores e odores comuns à semente oleaginosa original. Por exemplo, o óleo de girassol minimamente processado mantém o sabor caraterístico do girassol e transmiti-lo-á ao molho para salada ou aos alimentos fritos com este óleo.

Para a fritura em gordura profunda, os óleos RBD foram concebidos para resistir durante mais tempo aos elevados calores exigidos por estas aplicações.

A transformação de óleos alimentares é frequentemente dividida em três categorias de RBD: refinação, branqueamento e desodorização. Cada uma destas etapas utilizadas na transformação em grande escala pode ser duplicada numa escala mais pequena. Algumas são mais difíceis de aplicar em pequena escala e podem não se justificar, dependendo do mercado do produto final.

Refinação

A refinação de óleos pode incluir a neutralização de ácidos gordos, a remoção de fosfolípidos (um composto que contém fósforo) e a filtragem do óleo. Podem também ser efectuados outros processos para criar um óleo mais estável para processamento subsequente. Em pequena escala, a remoção de fosfolípidos hidratáveis e não-hidratáveis é um objetivo, enquanto a remoção de partículas através de filtração é um segundo objetivo.

Os compostos hidratáveis são aqueles que se dissolvem na água. Os compostos não-hidratáveis não se dissolvem na água e, frequentemente, sedimentam-se ou são removidos por filtração. Existe uma pequena quantidade de água nos óleos alimentares, pelo que a água está presente para dissolver os compostos hidratáveis. Consulte a "Folha Informativa sobre Sementes Oleaginosas: Filtragem" para mais informações sobre a filtragem de óleos

alimentares.

Uma simples lavagem ácida do óleo bruto prensado fará com que muitos dos compostos hidratáveis se depositem na água e se transformem em partículas que podem ser depositadas, centrifugadas ou filtradas do óleo restante. O ácido cítrico é frequentemente escolhido como o ácido para esta operação. Num processo, o óleo é aquecido a 80°C (176°F).

O óleo é então misturado numa solução de 2% de ácido cítrico, 98% de óleo. O ácido é composto por uma solução de 30% de ácido com 70% de água. Esta mistura total é mantida a 80° C durante um máximo de 15 minutos, branqueando a argila.

depois rapidamente arrefecido, sedimentado e separado por centrifugação. As operações comerciais podem incluir processos adicionais na fase de refinação.

Branqueamento

Os óleos têm uma cor caraterística quando inicialmente prensados. Quando presentes na prateleira de uma mercearia, os óleos vegetais de diferentes sementes têm o mesmo aspeto quase incolor. Estes óleos foram branqueados para remover os constituintes menores que causam a cor. Outros componentes, alguns dos quais desejáveis, são também removidos durante o branqueamento.

O branqueamento remove os componentes do óleo que aumentam a taxa de oxidação. Quando o óleo é utilizado a altas temperaturas, por exemplo, ao fritar, a oxidação é acelerada e o óleo pode desenvolver rapidamente caraterísticas indesejáveis, tais como sabor desagradável ou cor escura. O branqueamento permite que o óleo seja utilizado durante um período de tempo mais longo antes que estas caraterísticas indesejáveis ocorram.

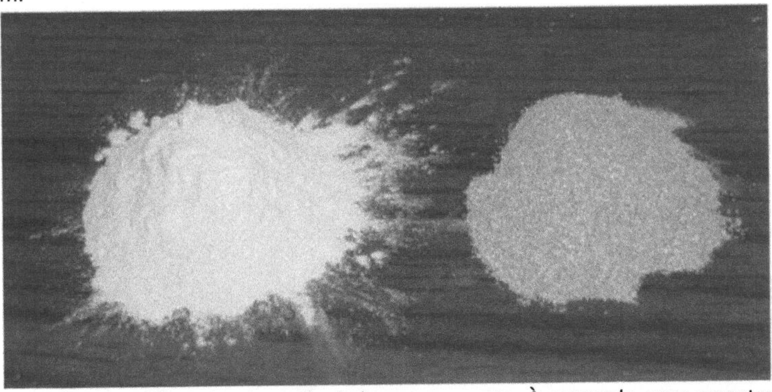

Dois tipos diferentes de argila de branqueamento. À esquerda, uma amostra que é misturada com

o óleo, aquecido e passado por um filtro-prensa. À direita, uma amostra que é utilizada como um filtro, através do qual o óleo é passado. Em ambos os casos, os componentes indesejados do óleo são ligados à argila, removendo-os.

Para efetuar o branqueamento, o óleo é misturado com a quantidade necessária de argila de branqueamento. Esta mistura é aquecida a uma temperatura elevada [90°C (194°F) a 110°C (230°F)] na ausência de oxigénio (ar) e misturada.

Os compostos indesejáveis (e desejáveis) no óleo ligam-se às partículas de argila branqueadora. A filtragem ou centrifugação remove as partículas de argila e os compostos ligados à argila, resultando num óleo que tem os compostos corantes removidos.

A argila branqueadora é um tipo de argila escavada principalmente no sul dos Estados Unidos. Pode ser argila natural ou activada com uma lavagem ácida. A argila activada atrai e retém mais compostos do que a argila natural. A argila natural é utilizada para o branqueamento de óleos orgânicos certificados.

O óleo de canola branqueado (à esquerda) e o óleo de canola não branqueado (à direita) têm cores muito diferentes devido aos corantes naturais removidos durante o branqueamento.

Desodorizante

Quando prensados, os óleos contêm uma variedade de componentes. Estes incluem vitaminas, ácidos gordos, fragmentos de proteínas, vestígios de pesticidas e, ocasionalmente, metais pesados, bem como muitos outros materiais. A maioria destes componentes melhora ou diminui o sabor e o cheiro do azeite.

O processo de desodorização remove todos estes componentes do óleo, deixando-o sem sabor e sem cheiro, essencialmente o mesmo que outros óleos que são desodorizados. Este processo envolve a vaporização do óleo, que vaporiza os componentes indesejados e os separa do material desejado.

Para o produtor local ou de pequena escala, este processo pode não ser desejado, por várias razões. A desodorização remove o sabor e os odores que são frequentemente apreciados nos óleos, realçando o sabor dos alimentos que são utilizados para preparar. Além disso, este processo requer equipamento adicional que pode ser dispendioso de adquirir e manter.

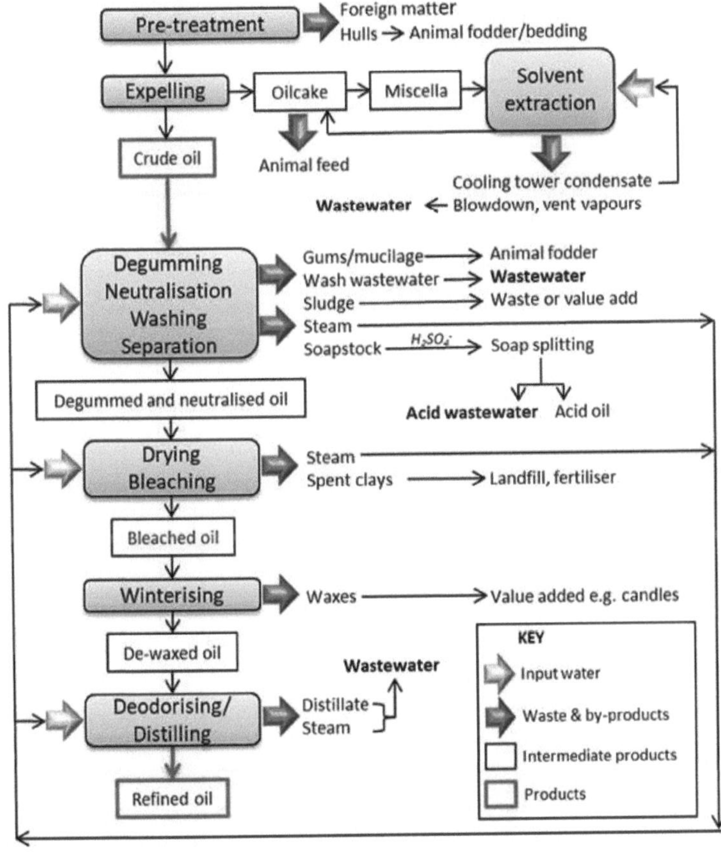

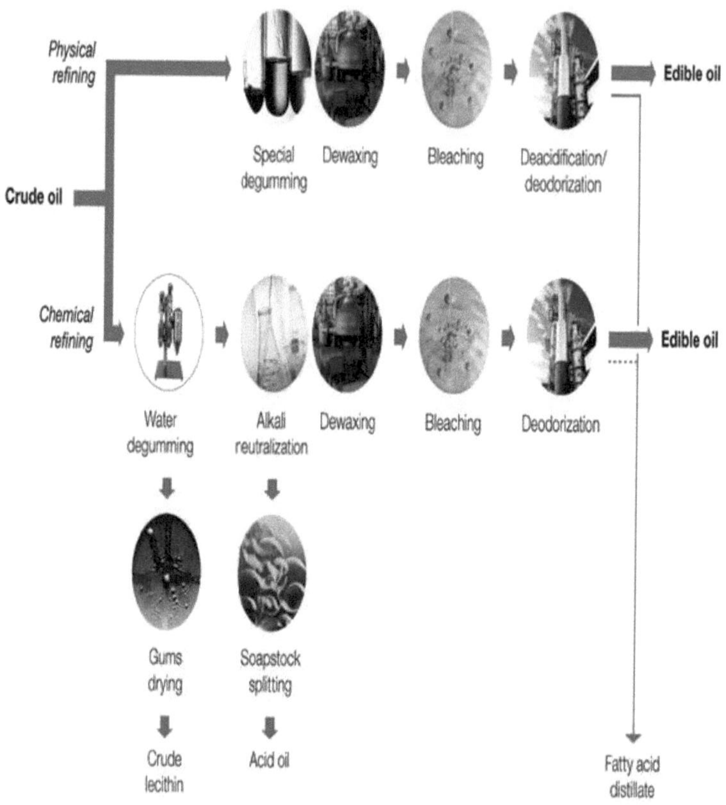

Physical refining
Crude oil
Special degumming
Dewaxing
Bleaching
Deacidification/ deodorization
Edible oil
Chemical refining
Water degumming
Alkali reutralization
Dewaxing
Bleaching
Deodorization
Edible oil
Gums drying
Soapstock splitting
Crude lecithin
Acid oil
Fatty acid distillate

> os ácidos gordos reagem com a água

O triacilglicerol é formado pela união de três ácidos gordos a uma estrutura de glicerol numa reação de desidratação. Três moléculas de água são libertadas no processo. Durante a formação desta ligação éster, são libertadas três moléculas de água.

> PFAD de óleo de palma

PFAD significa Palm Fatty Acid Distillate (destilado de ácido gordo de palma). Trata-se de um resíduo de processamento resultante da refinação física de produtos de óleo de palma em bruto. À temperatura ambiente, é um semi-sólido castanho-claro, que derrete para um líquido castanho com o aquecimento. Sim, é um resíduo de processamento que resulta da refinação de óleo de palma para o sector alimentar.

Utilizações do ácido esteárico

O ácido esteárico é um emulsionante, emoliente e lubrificante que pode suavizar a pele e ajudar a evitar que os produtos se separem. O ácido esteárico é utilizado em centenas de produtos de cuidados pessoais, incluindo hidratantes, protectores solares, maquilhagem, sabonetes e loções para bebés.

O ácido esteárico é mais frequentemente utilizado para engrossar e manter a forma dos sabões (indiretamente, através da saponificação de triglicéridos compostos por ésteres de ácido esteárico), sendo também utilizado em champôs, cremes de barbear e detergentes.

A base de dados Cosmestics Database descreve o ácido esteárico como "seguro e suave", em geral. No entanto, salienta que o ácido esteárico pode ser um irritante cutâneo para as pessoas com pele sensível. Tal como outros conjuntos de produtos químicos, também tem o potencial de ser cancerígeno, ou um produto que aumenta o risco de cancro.

O ácido esteárico é normalmente utilizado como aglutinante em comprimidos (pense na utilização dos ovos como aglutinante para misturar com a farinha durante a cozedura). Também tem propriedades lubrificantes. O estearato de magnésio é um lubrificante e o ingrediente mais comum utilizado em formulações de comprimidos.

> ácido láurico ?

Com uma ação antibacteriana e anti-inflamatória, o ácido láurico é um ácido gordo que se encontra no coco e é utilizado pelas suas propriedades reparadoras da pele, anti-acne, detergentes e de limpeza.

CAPÍTULO 03

AFLUENTE TRATAMENTO ETP EFLUENTE LAMAS

A ETP (Estação de Tratamento de Efluentes) é um processo concebido para tratar as águas residuais industriais com vista à sua reutilização ou eliminação segura no ambiente.

- Influente: Águas residuais industriais não tratadas.
- Efluente: Águas residuais industriais tratadas.
- Lamas: Parte sólida separada das águas residuais pela ETP.

Conceção da ETP A conceção e a dimensão da ETP dependem de:

- Quantidade e qualidade dos efluentes descarregados pelas indústrias.
- Disponibilidade de terrenos.
- Considerações monetárias para a construção, exploração e manutenção.
- A dimensão da área depende de:
> Qualidade das águas residuais a tratar,
> Caudal
> Tipo de tratamento biológico a utilizar .
> No caso de haver menos terrenos disponíveis, a CETP (estação comum de tratamento de efluentes) é preferível à ETP

Níveis de tratamento e mecanismos da ETP

- Níveis de tratamento:
> Preliminar
> Primário
> Secundário
> Terciário (ou avançado)
- Mecanismos de tratamento:
> Físico
> Química
> Biológico

3.2 Fontes de águas residuais industriais

- 1.1 Visão geral
- 1.2 Fabrico de pilhas
- 1.3 Centrais eléctricas
- 1.4 Indústria alimentar
- 1.5 Indústria do ferro e do aço
- 1.6 Trabalho dos metais
- 1.7 Minas e pedreiras
- 1.8 Indústria nuclear
- 1.9 Extração de petróleo e gás
- 1.10 Fabrico de produtos químicos orgânicos
- 1.11 Refinação de petróleo e petroquímica
- 1.12 Indústria da pasta de papel e do papel
- 1.13 Fundições

- o 1.14 Fábricas de têxteis
- o 1.15 Contaminação por óleos industriais
- o 1.16 Tratamento de águas
- o 1.17 Conservação da madeira
- o 3.1 Visão geral
- o 3.2 Tratamento da salmoura
- o Remoção de sólidos 3.3S
- o 3.4 Remoção de óleos e gorduras
- o 3.5 Remoção de substâncias orgânicas biodegradáveis
- o 3.6 Remoção de outros produtos orgânicos
- o 3.7 Eliminação de ácidos e álcalis
- o 3.8 Remoção de materiais tóxicos
- o 3.9 Eliminação da poluição térmica
- 4Custos e taxas sobre resíduos comerciais

Visão geral

As actividades que produzem águas residuais industriais incluem

- Drenagem de instalações industriais (contendo lodo, areia, álcalis, óleo, resíduos químicos);
- Águas de arrefecimento industriais (com biocidas, calor, lamas, sedimentos)
- Águas de processamento industrial
- Resíduos orgânicos ou biodegradáveis, incluindo resíduos de hospitais, matadouros, cremarias e fábricas de alimentos.
- Resíduos orgânicos ou não biodegradáveis de difícil tratamento provenientes do fabrico de produtos farmacêuticos ou pesticidas
- Resíduos de pH extremo provenientes do fabrico de ácidos e álcalis
- Resíduos tóxicos provenientes do revestimento de metais, da produção de cianetos, do fabrico de pesticidas, etc.
- Sólidos e emulsões provenientes de fábricas de papel, de fábricas de lubrificantes ou de óleos hidráulicos, de géneros alimentícios, etc.
- A água produzida pela desidratação das minas pode conter radionuclídeos ou metais pesados em suspensão ou dissolvidos na drenagem ácida das minas
- Água utilizada na fracturação hidráulica
- Água produzida a partir da produção de petróleo e gás natural

Fabrico de baterias

Os fabricantes de baterias especializam-se no fabrico de pequenos dispositivos para eletrónica e equipamento portátil (por exemplo, ferramentas eléctricas), ou unidades maiores e de alta potência para automóveis, camiões e outros veículos motorizados. Os poluentes gerados nas fábricas incluem o cádmio, crómio, cobalto, cobre, cianeto, ferro, chumbo, manganês, mercúrio, níquel, óleos e gorduras, prata e zinco.

Centrais eléctricas

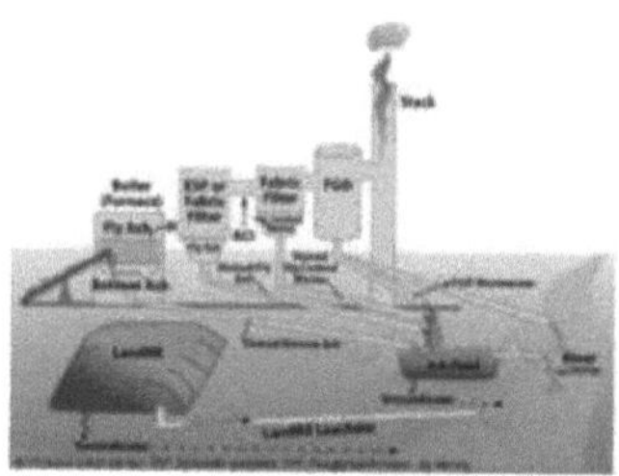

Ilustração dos fluxos de águas residuais descarregados por centrais eléctricas a carvão típicas na

Estados Unidos.

As centrais eléctricas alimentadas por combustíveis fósseis, em especial as centrais a carvão, são uma importante fonte de águas residuais industriais. Muitas destas instalações descarregam águas residuais com níveis significativos de metais como o chumbo, o mercúrio, o cádmio e o crómio, bem como de arsénio, selénio e compostos azotados (nitratos e nitritos). Os fluxos de águas residuais incluem a dessulfuração dos gases de combustão, as cinzas volantes, as cinzas de fundo e o controlo do mercúrio dos gases de combustão. As instalações com controlos da poluição atmosférica, tais como depuradores húmidos, transferem normalmente os poluentes capturados para o fluxo de águas residuais.

As lagoas de cinzas, um tipo de represamento de superfície, são uma tecnologia de tratamento muito utilizada nas centrais eléctricas a carvão. Estas lagoas utilizam a gravidade para sedimentar as grandes partículas (medidas como sólidos suspensos totais) das águas residuais das centrais eléctricas. Esta tecnologia não trata os poluentes dissolvidos. As centrais eléctricas utilizam tecnologias adicionais para controlar os poluentes, dependendo do fluxo de resíduos específico da central. Estas incluem o tratamento de cinzas secas, a reciclagem de cinzas em circuito fechado, a precipitação química, o tratamento biológico (como um processo de lamas activadas), sistemas de membranas e sistemas de evaporação-cristalização. Os avanços tecnológicos nas membranas de permuta iónica e nos sistemas de eletrodiálise permitiram um tratamento de elevada eficiência das águas residuais da dessulfuração de gases de combustão, de modo a cumprir os recentes limites de descarga da EPA. A abordagem de tratamento é semelhante para outras águas residuais industriais altamente calcárias.

Indústria alimentar

Resíduos do processamento de marisco descarregados no porto da cidade de Sitka, Alasca

As águas residuais provenientes de operações de transformação de produtos agrícolas e alimentares têm caraterísticas distintivas que as distinguem das águas residuais municipais comuns geridas por estações de tratamento de águas residuais públicas ou privadas em todo o mundo: são biodegradáveis e não tóxicas, mas têm uma elevada carência biológica de oxigénio (CBO) e sólidos em suspensão (SS)[9].

O processamento de alimentos a partir de matérias-primas requer grandes volumes de água de alta qualidade. A lavagem de vegetais gera águas com elevadas cargas de partículas e alguma matéria orgânica dissolvida. Podem também conter tensioactivos e pesticidas.

As instalações de aquacultura (pisciculturas) descarregam frequentemente grandes quantidades de azoto e fósforo, bem como de sólidos em suspensão. Algumas instalações utilizam medicamentos e pesticidas, que podem estar presentes nas águas residuais.

As fábricas de transformação de lacticínios geram poluentes convencionais (CBO, SS).

O abate e a transformação de animais produzem resíduos orgânicos provenientes de fluidos corporais, como o sangue, e do conteúdo intestinal. Os poluentes gerados incluem CBO, SS, bactérias coliformes, óleos e gorduras, azoto orgânico e amoníaco.

A transformação de alimentos para venda produz resíduos gerados pela cozedura que são frequentemente ricos em matéria orgânica vegetal e podem também conter sal, aromatizantes, corantes e ácidos ou álcalis. Podem também estar presentes quantidades muito significativas de óleos ou gorduras.

As actividades de transformação de alimentos, como a limpeza das instalações, o transporte de materiais, o engarrafamento e a lavagem de produtos, geram águas residuais. Muitas instalações de transformação de alimentos requerem tratamento no local antes de as águas residuais operacionais poderem ser aplicadas no solo ou descarregadas num curso de água ou num sistema de esgotos.

Níveis elevados de sólidos suspensos de partículas orgânicas aumentam a CBO e podem resultar em taxas significativas de sobretaxa de esgoto. A sedimentação, o peneiramento em cunha ou a filtração por correia rotativa (micro-peneiramento) são métodos normalmente utilizados para reduzir a carga de sólidos orgânicos em suspensão antes da descarga.

Indústria do ferro e do aço

A produção de ferro a partir dos seus minérios envolve poderosas reacções de redução em altos-fornos. As águas de arrefecimento estão inevitavelmente contaminadas com produtos, especialmente amoníaco e cianeto. A produção de coque a partir do carvão em instalações de coquefacção também exige o arrefecimento da água e a utilização de água na separação dos subprodutos. A contaminação dos fluxos de resíduos inclui produtos de gaseificação como o benzeno, o naftaleno, o antraceno, o cianeto, o amoníaco, os fenóis, os cresóis e uma gama de compostos orgânicos mais complexos conhecidos coletivamente como hidrocarbonetos aromáticos policíclicos (HAP).

A transformação do ferro ou do aço em chapas, fios ou varetas requer etapas de transformação mecânica a quente e a frio, utilizando frequentemente a água como lubrificante e refrigerante. Os contaminantes incluem óleos hidráulicos, sebo e partículas sólidas.

O tratamento final dos produtos de ferro e aço antes da sua venda para a indústria transformadora inclui a *decapagem* em ácido mineral forte para remover a ferrugem e preparar a superfície para a estanhagem ou cromagem ou para outros tratamentos de superfície, como a galvanização ou a pintura. Os dois ácidos normalmente utilizados são o ácido clorídrico e o ácido sulfúrico.

As águas residuais incluem as águas de enxaguamento ácidas e o ácido residual. Embora muitas fábricas operem instalações de recuperação de ácidos (em especial as que utilizam ácido clorídrico), onde o ácido mineral é removido dos sais de ferro por ebulição, permanece um grande volume de sulfato ferroso altamente ácido ou de cloreto ferroso para ser eliminado. Muitas águas residuais da indústria siderúrgica estão contaminadas por óleo hidráulico, também conhecido como *óleo solúvel*.

Trabalho de metais

Muitas indústrias trabalham com matérias-primas metálicas (por exemplo, chapas metálicas, lingotes) enquanto fabricam os seus produtos finais. As indústrias incluem o fabrico de automóveis, camiões e aeronaves; fabrico de ferramentas e hardware; equipamento eletrónico e máquinas de escritório; navios e barcos; aparelhos e outros produtos domésticos; e equipamento industrial fixo (por exemplo, compressores, bombas, caldeiras). As águas residuais geradas por estas instalações podem conter metais pesados como o cádmio, crómio, cobre, chumbo, níquel, prata e zinco; cianeto e vários solventes químicos orgânicos; e óleos e gorduras.

Minas e pedreiras

Efluente de águas residuais de uma mina no Peru, com pH neutralizado pelo escoamento de rejeitos.

As principais águas residuais associadas às minas e pedreiras são lamas de partículas de rocha na água. Estas resultam da precipitação que lava as superfícies expostas e as estradas de transporte, bem como dos processos de lavagem e classificação das rochas.

Os volumes de água podem ser muito elevados, especialmente os resultantes da precipitação em grandes instalações. Algumas operações de separação especializadas, como a lavagem de carvão para separar o carvão da rocha nativa utilizando gradientes de densidade, podem produzir águas residuais contaminadas por partículas finas de hematite e tensioactivos. Os óleos e os óleos hidráulicos são também contaminantes comuns.

As águas residuais das minas de metal e das instalações de recuperação de minério estão inevitavelmente contaminadas pelos minerais presentes nas formações rochosas nativas. Após a trituração e extração dos materiais desejáveis, os materiais indesejáveis podem entrar no fluxo de águas residuais.

No caso das minas de metal, isto pode incluir metais indesejados, como o zinco, e outros materiais, como o arsénico. A extração de metais de elevado valor, como o ouro e a prata, pode gerar lamas com partículas muito finas, em que a remoção física dos contaminantes se torna particularmente difícil.

Além disso, as formações geológicas que albergam metais de valor económico, como o cobre e o ouro, são frequentemente constituídas por minérios do tipo sulfureto. O processamento implica a trituração da rocha em partículas finas e a extração do(s) metal(ais) desejado(s), sendo os restos de rocha conhecidos como rejeitados.

Estes rejeitos contêm uma combinação não só de restos de metais indesejáveis, mas também de componentes de sulfureto que acabam por formar ácido sulfúrico após a exposição ao ar e à água que ocorre inevitavelmente quando os rejeitos são eliminados em grandes depósitos. A drenagem ácida de minas daí resultante, que é frequentemente rica em metais pesados (porque os ácidos dissolvem os metais), é um dos muitos impactos ambientais da atividade mineira.

Indústria nuclear

A produção de resíduos da indústria nuclear e radioquímica é tratada como *resíduos radioactivos*.

Os investigadores analisaram a bioacumulação de estrôncio por *Scenedesmus spinosus* (alga) em águas residuais simuladas. O estudo revela uma capacidade de biossorção altamente selectiva do estrôncio por S. spinosus, sugerindo que pode ser adequado para utilização em águas residuais nucleares.

Extração de petróleo e gás

As operações dos poços de petróleo e gás geram água produzida, que pode conter óleos, metais tóxicos (por exemplo, arsénio, cádmio, crómio, mercúrio, chumbo), sais, químicos orgânicos e sólidos. Algumas águas produzidas contêm vestígios de materiais radioactivos naturais. As plataformas offshore de petróleo e gás também geram drenagem do convés, resíduos domésticos e resíduos sanitários. Durante o processo de perfuração, os poços descarregam normalmente aparas de perfuração e lama de perfuração (fluido de perfuração).

Fabrico de produtos químicos orgânicos

Os poluentes específicos descarregados pelos fabricantes de produtos químicos orgânicos variam muito de fábrica para fábrica, dependendo dos tipos de produtos fabricados, tais como produtos químicos orgânicos a granel, resinas, pesticidas, plásticos ou fibras sintéticas. Alguns dos compostos orgânicos que podem ser descarregados são o benzeno, o clorofórmio, o naftaleno, os fenóis, o tolueno e o cloreto de vinilo.

A carência bioquímica de oxigénio (CBO), que é uma medida bruta de uma série de poluentes orgânicos, pode ser utilizada para avaliar a eficácia de um sistema biológico de tratamento de águas residuais e é utilizada como parâmetro regulamentar em algumas licenças de descarga. As descargas de poluentes metálicos podem incluir o crómio, o cobre, o chumbo, o níquel e o zinco.

Refinação de petróleo e petroquímica

Os poluentes descarregados nas refinarias de petróleo e nas instalações petroquímicas incluem poluentes convencionais (CBO, óleos e gorduras, sólidos em suspensão), amoníaco, crómio, fenóis e sulfuretos.

Indústria da pasta de papel e do papel

Descarga de águas residuais de uma fábrica de papel nos Estados Unidos

Os efluentes da indústria da pasta de papel e do papel têm geralmente um elevado teor de sólidos em suspensão e de CBO.

As fábricas que branqueiam a pasta de madeira para o fabrico de papel podem gerar clorofórmio, dioxinas (incluindo 2,3,7,8-TCDD), furanos, fenóis e carência química de oxigénio (CQO).

As fábricas de papel autónomas que utilizam pasta importada podem necessitar apenas de um tratamento primário simples, como a sedimentação ou a flotação por ar dissolvido.

O aumento das cargas de CBO ou CQO, bem como de poluentes orgânicos, pode exigir um tratamento biológico, como lamas activadas ou reactores anaeróbios de fluxo ascendente. Para os moinhos com cargas inorgânicas elevadas, como o sal, podem ser necessários tratamentos terciários, quer se trate de tratamentos gerais por membrana, como a ultrafiltração ou a osmose inversa, quer de tratamentos para remover contaminantes específicos, como os nutrientes.

Fundições

Os poluentes descarregados pelas fundições de metais não ferrosos variam consoante o minério de metal de base. As fundições de bauxite geram fenóis', mas normalmente utilizam bacias de decantação e evaporação para gerir estes resíduos, sem necessidade de descarregar rotineiramente as águas residuais. As fundições de alumínio descarregam normalmente fluoreto, benzo(a)pireno, antimónio e níquel, bem como alumínio. As fundições de cobre geram normalmente cádmio, chumbo, zinco, arsénico e níquel, para além do cobre, nas suas águas residuais. As fundições de chumbo descarregam chumbo e zinco. As fundições de níquel e de cobalto descarregam amoníaco e cobre, para além dos metais de base. As fundições de zinco descarregam arsénio, cádmio, cobre, chumbo, selénio e zinco.

Os processos de tratamento típicos utilizados na indústria são a precipitação química, a sedimentação e a filtração.

Fábricas de têxteis

As fábricas de têxteis, incluindo os fabricantes de alcatifas, geram águas residuais a partir de uma grande variedade de processos, incluindo limpeza e acabamento, fabrico de fios e acabamento de tecidos (como branqueamento, tingimento, tratamento de resinas, impermeabilização e retardamento de chama).

Os poluentes gerados pelas fábricas têxteis incluem CBO, SS, óleos e gorduras, sulfuretos, fenóis e crómio. Os resíduos de insecticidas nas lãs são um problema particular no tratamento das águas geradas no processamento da lã. As gorduras animais podem estar presentes nas águas residuais, que, se não estiverem contaminadas, podem ser recuperadas para a produção de sebo ou para posterior transformação.

As fábricas de tingimento de têxteis geram águas residuais que contêm corantes sintéticos (por exemplo, corantes reactivos, corantes ácidos, corantes básicos, corantes dispersos, corantes de cuba, corantes de enxofre, corantes mordentes, corantes diretos, corantes de incrustação, corantes de solvente, corantes de pigmento) e naturais, espessante de goma (guar) e vários agentes molhantes, tampões de pH e retardadores ou aceleradores de tingimento.

Após o tratamento com floculantes à base de polímeros e agentes de sedimentação, os parâmetros de monitorização típicos incluem CBO, CQO, cor (ADMI), sulfureto, óleos e gorduras, fenol, SST e metais pesados (crómio, zinco, chumbo, cobre).

Contaminação de óleos industriais

As aplicações industriais em que o óleo entra no fluxo de águas residuais podem incluir zonas de lavagem de veículos, oficinas, depósitos de armazenamento de combustível, centros de transporte e produção de energia. Muitas vezes, as águas residuais são descarregadas nos sistemas locais de esgotos ou de resíduos comerciais e têm de cumprir as especificações ambientais locais. Os contaminantes típicos podem incluir solventes, detergentes, areia, lubrificantes e hidrocarbonetos.

Tratamento da água

Muitas indústrias têm necessidade de tratar a água para obter água de qualidade muito elevada para os seus processos. Isto pode incluir síntese química pura ou água de alimentação de caldeiras. Além disso, alguns processos de tratamento de água produzem lamas orgânicas e minerais de filtração e sedimentação que requerem tratamento. A permuta iónica utilizando resinas naturais ou sintéticas remove iões de cálcio, magnésio e carbonato da água, substituindo-os normalmente por iões de sódio, cloreto, hidroxilo e/ou outros iões.

A regeneração das colunas de permuta iónica com ácidos e álcalis fortes produz águas residuais ricas em iões de dureza que são facilmente precipitados, especialmente quando em mistura com outros constituintes das águas residuais.

Conservação da madeira

As instalações de preservação de madeira geram poluentes convencionais e tóxicos, incluindo arsénio, CQO, cobre, crómio, pH anormalmente alto ou baixo, fenóis, óleos e gorduras e sólidos em suspensão.

3.3 Poluentes

A composição das águas residuais industriais é muito variável. Esta é uma lista parcial de

poluentes químicos ou físicos que podem estar contidos nas águas residuais industriais:
• Metais pesados, incluindo mercúrio, chumbo e crómio
• Matéria orgânica, como resíduos alimentares, resíduos de matadouros, fibras de papel, material vegetal, etc;
• Partículas inorgânicas, tais como areia, granalha, partículas metálicas, resíduos de borracha de pneus, cerâmica, etc;
• Toxinas como pesticidas, venenos, herbicidas, etc.
• Produtos farmacêuticos, compostos desreguladores endócrinos, hormonas, compostos perfluorados, siloxanos, drogas de abuso e outras substâncias perigosas
• Microplásticos, tais como pérolas de polietileno e polipropileno, poliéster e poliamida
• Poluição térmica das centrais eléctricas e dos fabricantes industriais
• Radionuclídeos provenientes da extração de urânio, do processamento de combustível nuclear, do funcionamento de reactores nucleares ou da eliminação de resíduos radioactivos.

3.4 Métodos de tratamento

Os sistemas de flotação por ar dissolvido são amplamente utilizados em refinarias de petróleo, fábricas de produtos químicos e fábricas de papel
moinhos
Visão geral
Os vários tipos de contaminação das águas residuais requerem uma variedade de estratégias para remover a contaminação. A maior parte dos processos industriais, como as refinarias de petróleo e as fábricas de produtos químicos e petroquímicos, dispõem de instalações no local para tratar as suas águas residuais, de modo a que as concentrações de poluentes nas águas residuais tratadas cumpram os regulamentos relativos à eliminação de águas residuais nos esgotos ou nos rios, lagos ou oceanos.

As zonas húmidas construídas estão a ser utilizadas num número crescente de casos, uma vez que proporcionam um tratamento de alta qualidade e produtivo no local. Outros processos industriais que produzem uma grande quantidade de águas residuais, como a produção de papel e pasta de papel, criaram preocupações ambientais, levando ao desenvolvimento de processos para reciclar a utilização da água dentro das fábricas antes de estas terem de ser limpas e eliminadas.

Uma estação de tratamento de águas residuais industriais pode incluir um ou mais dos seguintes elementos, em vez da sequência de tratamento convencional das estações de tratamento de águas residuais:
• Um separador de água-óleo API, para remover óleo de fase separada de águas residuais.
• Um clarificador, para remover os sólidos das águas residuais.

- Um filtro de desbaste, para reduzir a carência bioquímica de oxigénio das águas residuais.
- Uma instalação de filtração de carbono, para remover compostos orgânicos dissolvidos tóxicos das águas residuais.
- Um sistema avançado de reversão de eletrodiálise (EDR) com membranas de permuta iónica.

Tratamento da salmoura

Tratamento da salmoura

O tratamento da salmoura envolve a remoção de iões de sal dissolvidos do fluxo de resíduos. Embora existam semelhanças com a dessalinização da água do mar ou da água salobra, o tratamento industrial da salmoura pode conter combinações únicas de iões dissolvidos, tais como iões de dureza ou outros metais, necessitando de processos e equipamentos específicos.

Os sistemas de tratamento de salmoura são normalmente optimizados para reduzir o volume da descarga final para uma eliminação mais económica (uma vez que os custos de eliminação são frequentemente baseados no volume) ou maximizar a recuperação de água doce ou sais. Os sistemas de tratamento de salmoura também podem ser optimizados para reduzir o consumo de eletricidade, a utilização de produtos químicos ou a pegada física.

O tratamento da salmoura é comum no tratamento da descarga da torre de arrefecimento, da água produzida a partir da drenagem gravítica assistida por vapor (SAGD), da água produzida a partir da extração de gás natural, como o gás de jazidas de carvão, da água de retorno de fracções, da drenagem ácida de minas ou de rochas ácidas, da rejeição de osmose inversa, das águas residuais cloro-alcalinas, dos efluentes de fábricas de pasta de papel e papel e dos fluxos de resíduos do processamento de alimentos e bebidas.

As tecnologias de tratamento da salmoura podem incluir: processos de filtração por membranas, como a osmose inversa; processos de permuta iónica, como a eletrodiálise ou a permuta catiónica de ácidos fracos; ou processos de evaporação, como concentradores de salmoura e cristalizadores que utilizam a recompressão mecânica de vapor e vapor.

A osmose inversa pode não ser viável para o tratamento de salmouras, devido à possibilidade de incrustação causada por sais de dureza ou contaminantes orgânicos, ou de danificação das membranas de osmose inversa por hidrocarbonetos.

Os processos de evaporação são os mais difundidos para o tratamento de salmouras, uma vez que permitem o mais elevado grau de concentração, tão elevado como o sal sólido. Produzem também o efluente de maior pureza, mesmo com qualidade de destilado. Os processos de evaporação são também mais tolerantes aos orgânicos, hidrocarbonetos ou sais de dureza. No entanto, o consumo de energia é elevado e a corrosão pode ser um problema, uma vez que o motor principal é a água salgada concentrada. Como resultado, os sistemas de evaporação utilizam normalmente materiais de titânio ou aço inoxidável duplex.

Gestão da salmoura

A gestão da salmoura examina o contexto mais amplo do tratamento da salmoura e pode incluir a consideração de políticas e regulamentos governamentais, sustentabilidade empresarial, impacto ambiental, reciclagem, manuseamento e transporte, contenção, tratamento centralizado em comparação com o tratamento no local, prevenção e redução, tecnologias e economia. A gestão da salmoura partilha algumas questões com a gestão dos lixiviados e com a gestão mais geral dos resíduos.

Remoção de sólidos

A maioria dos sólidos pode ser removida utilizando técnicas simples de sedimentação, sendo os sólidos recuperados sob a forma de lamas. Os sólidos muito finos e os sólidos com densidades próximas da densidade da água colocam problemas especiais. Nesses casos, pode ser necessária a filtração ou a ultrafiltração. No entanto, pode recorrer-se à floculação, utilizando sais de alúmen ou a adição de polielectrólitos. As águas residuais provenientes do processamento industrial de alimentos requerem frequentemente tratamento no local antes de poderem ser descarregadas para evitar ou reduzir as taxas de sobretaxa de esgoto. O tipo de indústria e as práticas operacionais específicas determinam que tipo de águas residuais são geradas e que tipo de tratamento é necessário. A redução de sólidos, tais como produtos residuais, materiais orgânicos e areia, é frequentemente um objetivo do tratamento de águas residuais industriais. Algumas formas comuns de reduzir os sólidos incluem a sedimentação primária (clarificação), a flotação por ar dissolvido (DAF), a filtração por correia (micro-peneiramento) e o peneiramento por tambor.

Remoção de óleos e gorduras

A remoção eficaz de óleos e gorduras depende das caraterísticas do óleo em termos do seu estado de suspensão e do tamanho das gotículas, o que, por sua vez, afectará a escolha da tecnologia de separação. Os óleos presentes nas águas residuais industriais podem ser óleos leves livres, óleos pesados, que tendem a afundar-se, e óleos emulsionados, frequentemente designados por óleos solúveis. Os óleos emulsionados ou solúveis requerem normalmente um "cracking" para libertar o óleo da sua emulsão. Na maioria dos casos, isto é conseguido através da redução do pH da matriz de água.

A maioria das tecnologias de separação tem uma gama óptima de tamanhos de gotículas de óleo que podem ser tratadas eficazmente.

A análise da água oleosa para determinar o tamanho das gotículas pode ser efectuada com um analisador de partículas de vídeo. Cada tecnologia de separador terá a sua própria curva de desempenho, delineando o desempenho ótimo com base no tamanho das gotículas de óleo. Os separadores mais comuns são os tanques ou poços de gravidade, os separadores API de óleo-água ou pacotes de placas, o tratamento químico através de DAFs, centrífugas, filtros de meios e hidrociclones.

Separadores API

Artigo principal: Separador óleo-água API (American Petroleum Institute standards)

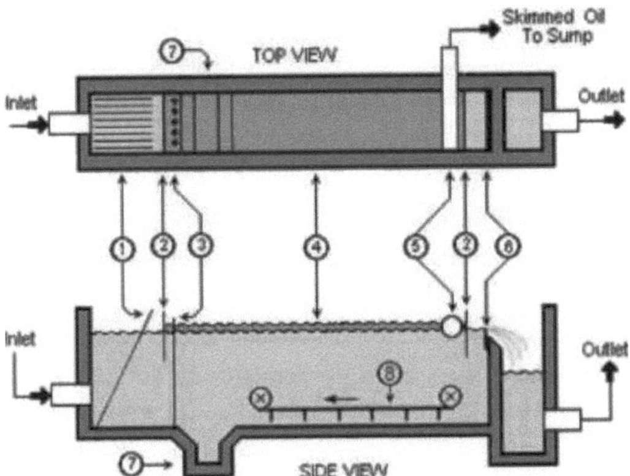

1 Coletor de lixo (varas inclinadas)
2 Caramelos de retenção de óleo
3 Distribuidores de caudal (hastes verticais)
4 Camada de óleo
5 Sloltedpipeskimmer
6 Descarregador de caudal regulável
7 Fossa de lamas
8 Corrente e raspador de luz

Um separador de água e óleo API típico utilizado em muitas indústrias

Muitos óleos podem ser recuperados de superfícies de água aberta através de dispositivos de escumação. Considerada uma forma fiável e barata de remover óleo, gordura e outros hidrocarbonetos da água, os escumadores de óleo podem, por vezes, atingir o nível desejado de pureza da água. Noutras ocasiões, a escumação é também um método económico para remover a maior parte do óleo antes de utilizar filtros de membrana e processos químicos. Os skimmers evitam que os filtros fiquem cegos prematuramente e mantêm os custos dos produtos químicos baixos porque há menos óleo para processar.

Uma vez que a escumação de gorduras envolve hidrocarbonetos de viscosidade mais elevada, os escumadores devem estar equipados com aquecedores suficientemente potentes para manter as gorduras fluidas para descarga. Se a massa lubrificante flutuante se formar em aglomerados ou tapetes sólidos, pode ser utilizada uma barra de pulverização, um arejador ou um aparelho mecânico para facilitar a remoção.

No entanto, os óleos hidráulicos e a maioria dos óleos que se degradaram de alguma forma terão também um componente solúvel ou emulsionado que necessitará de tratamento adicional para ser eliminado. Dissolver ou emulsionar o óleo utilizando tensioactivos ou solventes normalmente agrava o problema em vez de o resolver, produzindo águas residuais que são mais difíceis de tratar.

As águas residuais de indústrias de grande escala, como refinarias de petróleo, fábricas petroquímicas, fábricas de produtos químicos e fábricas de processamento de gás natural, contêm normalmente grandes quantidades de óleo e sólidos em suspensão. Estas indústrias utilizam um dispositivo conhecido como separador API de óleo e água, concebido para separar o óleo e os sólidos em suspensão dos efluentes das suas águas residuais. O nome deriva do facto de esses separadores serem concebidos de acordo com as normas publicadas pelo American Petroleum Institute (API).

O separador API é um dispositivo de separação por gravidade concebido utilizando a Lei de Stokes para definir a velocidade de subida das gotículas de óleo com base na sua densidade e tamanho. A conceção baseia-se na diferença de gravidade específica entre o óleo e as águas residuais, uma vez que essa diferença é muito menor do que a diferença de gravidade específica entre os sólidos em suspensão e a água. Os sólidos em suspensão assentam no fundo do separador como uma camada de sedimentos, o óleo sobe para o topo do separador e as águas residuais limpas são a camada intermédia entre a camada de óleo e os sólidos.

Tipicamente, a camada de óleo é removida por escumadeira e subsequentemente reprocessada ou eliminada, e a camada de sedimentos do fundo é removida por um raspador de corrente e de voo (ou dispositivo semelhante) e por uma bomba de lamas. A camada de água é enviada para tratamento adicional para remoção adicional de qualquer óleo residual e depois para algum tipo de unidade de tratamento biológico para remoção de compostos químicos dissolvidos indesejáveis.

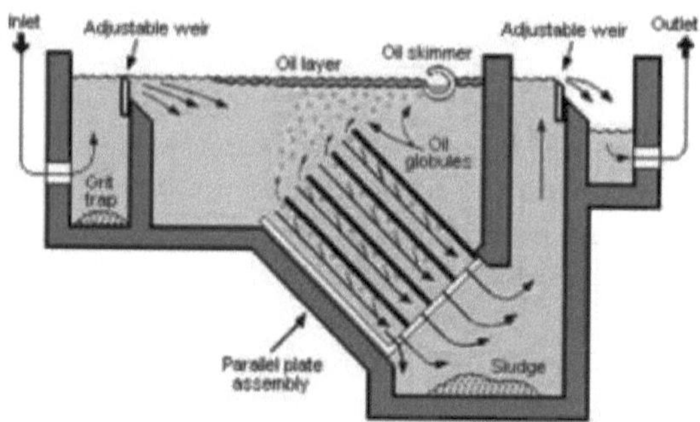

Um separador de placas paralelas típico

Os separadores de placas paralelas são semelhantes aos separadores API, mas incluem conjuntos de placas paralelas inclinadas (também conhecidas como pacotes paralelos). As placas paralelas proporcionam uma maior superfície para as gotículas de óleo em suspensão se coalescerem em glóbulos maiores. Estes separadores continuam a depender da gravidade específica entre o óleo em suspensão e a água. No entanto, as placas paralelas aumentam o grau de separação óleo-água. O resultado é que um separador de placas paralelas requer significativamente menos espaço do que um separador API convencional para atingir o mesmo grau de separação.

Separadores de óleo para hidrociclones

Os separadores de óleo de hidrociclone funcionam no processo em que as águas residuais entram na câmara do ciclone e são rodadas sob forças centrífugas extremas, mais de 1000 vezes superiores à força da gravidade. Esta força faz com que as gotículas de água e de óleo se separem. O óleo separado é descarregado a partir de uma extremidade do ciclone, enquanto a água tratada é descarregada através da extremidade oposta para posterior tratamento, filtragem ou descarga.

As matérias orgânicas biodegradáveis de origem vegetal ou animal podem normalmente ser tratadas através de processos convencionais alargados de tratamento de águas residuais, como as lamas activadas ou os filtros de decantação.

Podem surgir problemas se as águas residuais forem excessivamente diluídas com água de lavagem ou se forem altamente concentradas, como é o caso do sangue ou do leite não diluídos. A presença de agentes de limpeza, desinfectantes, pesticidas ou antibióticos pode ter um impacto negativo nos processos de tratamento.

Processo de lamas activadas

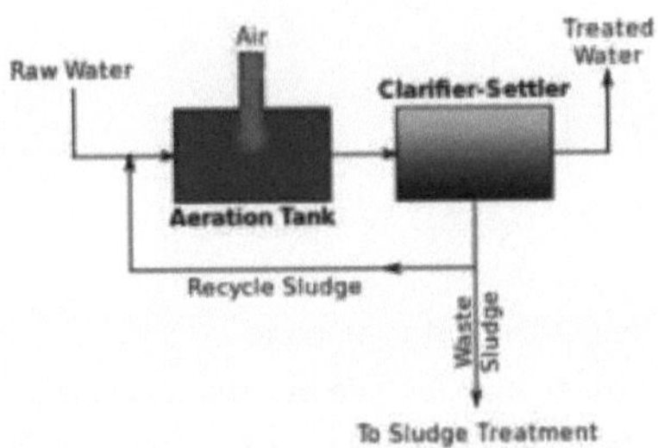

Um diagrama generalizado de um processo de lamas activadas.

As lamas activadas são um processo bioquímico de tratamento de esgotos e de águas residuais industriais que utiliza ar (ou oxigénio) e microrganismos para oxidar biologicamente os poluentes orgânicos, produzindo uma lama residual (ou floco) que contém o material oxidado. Em geral, um processo de lamas activadas inclui:

• Um tanque de arejamento onde o ar (ou oxigénio) é injetado e misturado com as águas residuais.

• Um tanque de decantação (normalmente designado por clarificador ou "decantador") para permitir a sedimentação das lamas residuais. Parte das lamas residuais é reciclada para o tanque de arejamento e as restantes lamas residuais são removidas para tratamento posterior e eliminação final.

Processo de filtragem

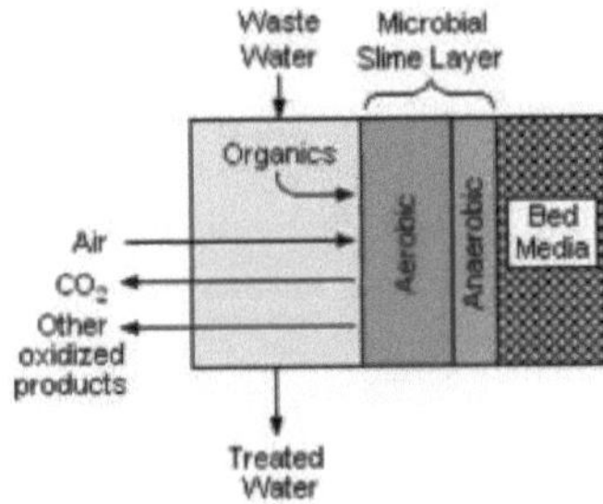

Imagem 1: Um corte transversal esquemático da face de contacto do leito filtrante num

filtro de gotejamento

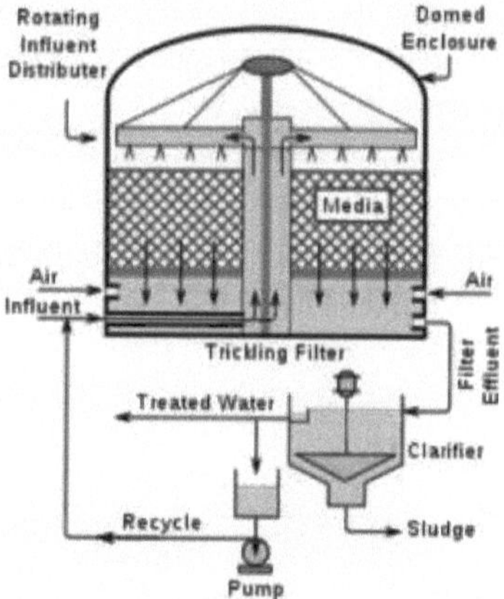

Um sistema típico de filtro de gotejamento completo

Um filtro de gotejamento consiste num leito de pedras, cascalho, escória, musgo de turfa ou meios plásticos sobre os quais a água residual flui para baixo e entra em contacto com uma camada (ou película) de lodo microbiano que cobre os meios do leito. As condições aeróbias são mantidas por ar forçado que flui através do leito ou por convecção natural do ar. O processo envolve a adsorção de compostos orgânicos presentes nas águas residuais pela camada de lodo microbiano e a difusão de ar na camada de lodo para fornecer o oxigénio necessário à oxidação bioquímica dos compostos orgânicos. Os produtos finais incluem gás dióxido de carbono, água e outros produtos da oxidação. À medida que a camada de lodo se torna mais espessa, torna-se difícil para o ar penetrar na camada e forma-se uma camada anaeróbia interna.

Remoção de outros produtos orgânicos

Os materiais orgânicos sintéticos, incluindo solventes, tintas, produtos farmacêuticos, pesticidas, produtos da produção de coque, etc., podem ser muito difíceis de tratar. Os métodos de tratamento são frequentemente específicos para o material que está a ser tratado. Os métodos incluem o processamento oxidativo avançado, a destilação, a adsorção, a ozonização, a vitrificação, a incineração, a imobilização química ou a eliminação em aterro. Alguns materiais, como alguns detergentes, podem ser susceptíveis de degradação biológica e, nesses casos, pode ser utilizada uma forma modificada de tratamento de águas residuais.

Remoção de ácidos e álcalis

Os ácidos e os álcalis podem normalmente ser neutralizados em condições controladas. A neutralização produz frequentemente um precipitado que requer tratamento como resíduo sólido que também pode ser tóxico. Nalguns casos, podem ser libertados gases que exigem tratamento do fluxo de gás. Após a neutralização, são normalmente necessárias outras formas de tratamento.

Os fluxos de resíduos ricos em iões de dureza, provenientes de processos de desionização, podem perder rapidamente os iões de dureza numa acumulação de sais de cálcio e magnésio precipitados. Este processo de precipitação pode provocar o *aparecimento* de *sulcos* graves nas tubagens e, em casos extremos, pode causar o bloqueio dos tubos de descarga. Um tubo de descarga marítima industrial de 1 metro de diâmetro que serve um grande complexo químico foi bloqueado por esses sais na década de 1970. O tratamento consiste na concentração das águas residuais por desionização e na sua eliminação em aterro ou na gestão cuidadosa do pH das águas residuais libertadas.

Remoção de materiais tóxicos

Os materiais tóxicos, incluindo muitos materiais orgânicos, metais (como o zinco, a prata, o cádmio, o tálio, etc.), ácidos, álcalis e elementos não metálicos (como o arsénio ou o selénio) são geralmente resistentes aos processos biológicos, a menos que estejam muito diluídos. Os metais podem frequentemente ser precipitados por alteração do pH ou por tratamento com outros produtos químicos. Muitos, no entanto, são resistentes ao tratamento ou à atenuação e podem exigir concentração seguida de deposição em aterro ou reciclagem. As substâncias orgânicas dissolvidas podem ser *incineradas* nas águas residuais através do processo de oxidação avançada.

Cápsulas inteligentes

O encapsulamento molecular é uma tecnologia que tem o potencial de fornecer um sistema para a remoção reciclável de chumbo e outros iões de fontes poluídas. As nanocápsulas, micro e milicápsulas, com tamanhos na ordem dos 10 nm-lμm, lμm-1mm e >1mm, respetivamente, são partículas que têm um reagente ativo (núcleo) rodeado por um transportador (invólucro). Estas cápsulas constituem um meio possível para a remediação de águas contaminadas.

Eliminação da poluição térmica

Para remover o calor das águas residuais geradas por centrais eléctricas ou fábricas, e assim reduzir a poluição térmica, são utilizadas as seguintes tecnologias:

* lagoas de arrefecimento, massas de água concebidas para arrefecimento por evaporação, convecção e radiação
* torres de arrefecimento, que transferem o calor residual para a atmosfera através da evaporação ou da transferência de calor
* a co-geração, um processo em que o calor residual é reciclado para fins de aquecimento doméstico ou industrial.

3.5 Custos e taxas de resíduos comerciais

A eliminação das águas residuais de uma instalação industrial é um problema difícil e dispendioso. Embora as economias de escala possam favorecer a utilização de uma grande estação municipal de tratamento de águas residuais para a eliminação de pequenos volumes de águas residuais industriais, o tratamento e a eliminação de águas residuais industriais podem ser menos dispendiosos do que os custos corretamente repartidos para volumes maiores de águas residuais industriais que não exijam a sequência convencional de tratamento de águas residuais de uma pequena estação municipal de tratamento de águas residuais.

As estações de tratamento de águas residuais industriais podem reduzir os custos da água bruta convertendo águas residuais selecionadas em água recuperada utilizada para diferentes fins. As estações de tratamento de águas residuais industriais podem reduzir as taxas de tratamento de águas residuais cobradas pelas estações de tratamento de águas residuais municipais através do pré-tratamento das águas residuais para reduzir as concentrações de poluentes medidas para determinar as taxas de utilização.

- Excrementos humanos (fezes e urina) muitas vezes misturados com papel higiénico usado ou toalhetes; são conhecidos como águas negras se forem recolhidos com autoclismos
- Águas de lavagem (pessoal, roupa, pavimentos, loiça, automóveis, etc.), também designadas por águas cinzentas ou de saneamento
- Excedentes de líquidos manufacturados de origem nacional (bebidas, óleos alimentares, pesticidas, óleos lubrificantes, tintas, líquidos de limpeza, etc.)
- Escorrimento pluvial urbano de estradas, parques de estacionamento, telhados, passeios/pavimentos (contém óleos, fezes de animais, lixo, gasolina/gasolina, gasóleo ou resíduos de borracha de pneus, sabão, metais de escapes de veículos, etc.)
- Drenagem de auto-estradas (óleo, agentes de degelo, resíduos de borracha, especialmente de pneus) · Drenagem de tempestades (pode incluir lixo)
- Líquidos produzidos pelo homem (eliminação ilegal de pesticidas, óleos usados, etc.)
- Resíduos industriais
- Drenagem de instalações industriais (lodo, areia, álcalis, óleo, resíduos químicos)

Utilização de águas residuais e sua eliminação

1. Cereais: Ao longo de um troço de 10 km do rio Musi (Hyderabad, Andhra Pradesh), onde as águas residuais de Hyderabad são eliminadas, 2100 ha de terra são irrigados com águas residuais para cultivar arroz. O trigo é irrigado com águas residuais em Ahmedabad e Kanpur.

2. Produtos hortícolas: Em Nova Deli, são cultivados vários produtos hortícolas em 1700 ha de terra irrigada com águas residuais na área em redor das ETARs de Keshopur e Okhla. Legumes como as cucurbitáceas, a beringela, o quiabo e os coentros no verão; espinafres, mostarda, couve-flor e repolho no verão.

Os produtos hortícolas são cultivados nestes locais durante todo o inverno. Em Hyderabad, os legumes são cultivados na bacia do rio Musi durante todo o ano, incluindo espinafres, amaranto, hortelã, coentros, etc.

3. Flores: Os agricultores de Kanpur cultivam rosas e calêndulas com águas residuais. Em Hyderabad, os agricultores cultivam jasmim com águas residuais. Árvores de avenidas e parques: Em Hyderabad, as águas residuais tratadas secundariamente são utilizadas para irrigar parques públicos e árvores de avenidas. Etc

Avaliação ambiental (AA) Uma avaliação de impacto ambiental (AIA) é uma forma de avaliar diferentes factores, como o impacto da saúde ambiental humana, a saúde ecológica e os riscos associados e a existência de alterações nos serviços da natureza em determinados projectos. [1]. É o termo utilizado para a avaliação das consequências ambientais (positivas e negativas) de um plano, política, programa ou projectos concretos antes da decisão de avançar com a ação proposta. Neste contexto, o termo "avaliação de impacto ambiental"

(AIA) é normalmente utilizado quando aplicado a projectos concretos de particulares ou empresas e o termo "avaliação ambiental estratégica" (AAE) aplica-se a políticas, planos e programas propostos, na maioria das vezes, por órgãos do Estado (Fischer, 2016). As avaliações ambientais podem ser regidas por regras de procedimento administrativo relativas à participação do público e à documentação do processo de decisão, e podem ser objeto de recurso judicial.

3.8 Objetivo da AIA

1. O objetivo da Avaliação do Impacto Ambiental (AIA) é identificar e avaliar os impactos potenciais (benéficos e adversos) do desenvolvimento e dos projectos no sistema ambiental. Trata-se de uma ajuda útil para a tomada de decisões com base na compreensão das implicações ambientais, incluindo preocupações sociais, culturais e estéticas que podem ser integradas na análise dos custos e benefícios do projeto.

2. Embora todos os projectos industriais possam ter alguns impactos ambientais, todos eles podem não ser suficientemente significativos para justificar procedimentos de avaliação elaborados. A necessidade de tais exercícios terá de ser decidida após uma avaliação inicial das possíveis implicações de um determinado projeto e da sua localização. Os projectos que poderão ser candidatos a uma avaliação pormenorizada do impacto ambiental são os seguintes

CAPÍTULO 04

O tratamento de águas residuais industriais descreve os processos utilizados para tratar as águas residuais que são produzidas pelas indústrias como um subproduto indesejável. Após o tratamento, as águas residuais industriais tratadas (ou efluentes) podem ser reutilizadas ou libertadas para um coletor sanitário ou para uma água de superfície no ambiente. Algumas instalações industriais geram águas residuais que podem ser tratadas em estações de tratamento de águas residuais.

A maioria dos processos industriais, como refinarias de petróleo, fábricas de produtos químicos e petroquímicos, tem as suas próprias instalações especializadas para tratar as suas águas residuais, de modo a que as concentrações de poluentes nas águas residuais tratadas cumpram os regulamentos relativos à eliminação de águas residuais em esgotos ou em rios, lagos ou oceanos.

Isto aplica-se às indústrias que geram águas residuais com elevadas concentrações de matéria orgânica (por exemplo, óleos e gorduras), poluentes tóxicos (por exemplo, metais pesados, compostos orgânicos voláteis) ou nutrientes como o amoníaco. Algumas indústrias instalam um sistema de pré-tratamento para remover alguns poluentes (por exemplo, compostos tóxicos) e depois descarregam as águas residuais parcialmente tratadas no sistema de esgotos municipal.

A maioria das indústrias produz algumas águas residuais. As tendências recentes têm sido no sentido de minimizar essa produção ou de reciclar as águas residuais tratadas no âmbito do processo de produção. Algumas indústrias têm sido bem sucedidas na reformulação dos seus processos de fabrico para reduzir ou eliminar os poluentes, através de um processo designado por prevenção da poluição.

As fontes de águas residuais industriais incluem o fabrico de baterias, centrais eléctricas, indústria alimentar, indústria siderúrgica, minas e pedreiras, indústria nuclear, extração de petróleo e gás, fabrico de produtos químicos orgânicos, refinação de petróleo e petroquímica, indústria de papel e pasta de papel, fundições, fábricas têxteis, contaminação industrial de óleos, tratamento de águas, preservação de madeira.

Os processos de tratamento incluem o tratamento da salmoura, a remoção de sólidos (por exemplo, precipitação química, filtração), a remoção de óleos e gorduras, a remoção de substâncias orgânicas biodegradáveis, a remoção de outras substâncias orgânicas, a remoção de ácidos e álcalis e a remoção de materiais tóxicos.

abrange os mecanismos e processos utilizados para tratar as águas residuais que são produzidas como subproduto de actividades industriais ou comerciais. Após o tratamento, as águas residuais industriais tratadas (ou efluentes) podem ser reutilizadas ou libertadas para um coletor sanitário ou para uma água de superfície no ambiente.

A maioria das indústrias produz algumas águas residuais, embora as tendências recentes no mundo desenvolvido tenham sido no sentido de minimizar essa produção ou de reciclar essas águas residuais no processo de produção. No entanto, muitas indústrias continuam dependentes de processos que produzem águas residuais.

1) ETP,
2) STP e
3) CETP

Alguns dos tipos mais importantes de processos de tratamento de águas residuais são os seguintes:

1. Estações de Tratamento de Efluentes (ETP)
2. Estações de tratamento de águas residuais (ETAR)
3. Estações de tratamento de efluentes comuns e combinadas (CETP).

Estima-se que, todos os anos, 1,8 milhões de pessoas morrem devido a doenças transmitidas pela água. Uma grande parte destas mortes pode ser indiretamente atribuída a um saneamento inadequado.

O tratamento de águas residuais é uma iniciativa importante que tem de ser levada mais a sério para o melhoramento da sociedade e do nosso futuro.

O tratamento de águas residuais é um processo em que os contaminantes são removidos das águas residuais, bem como dos esgotos domésticos, para produzir um fluxo de resíduos ou resíduos sólidos adequados para descarga ou reutilização.

4.3 Estações de tratamento de efluentes (ETP):

As Estações de Tratamento de Efluentes (ETP) são utilizadas por empresas líderes na indústria farmacêutica e química para purificar a água e remover quaisquer materiais ou produtos químicos tóxicos e não tóxicos da mesma. Estas instalações são utilizadas por todas as empresas para a proteção do ambiente.

Uma ETP é uma instalação onde é efectuado o tratamento de efluentes industriais e de águas residuais. As ETP são muito utilizadas no sector industrial, por exemplo, indústria farmacêutica, para remover os efluentes dos medicamentos a granel.

4.4 Necessidade de ETP -

- Limpar os efluentes industriais e reciclá-los para utilização posterior.
- Reduzir a utilização de água doce/potável nas indústrias.
- Reduzir as despesas com a aquisição de água.
- Cumprir as normas de emissão ou descarga de poluentes ambientais de várias indústrias estabelecidas pelo governo e evitar sanções pesadas.
- Proteger o ambiente contra a poluição e contribuir para o desenvolvimento sustentável.

4.5 Níveis de tratamento e mecanismos da ETP

- Níveis de tratamento: Preliminar
- Primário
- Secundário
- Terciário (ou avançado)

Nível de tratamento preliminar Objetivo: Separação física de impurezas de grandes dimensões, como tecidos, plásticos, toros de madeira, papel, etc. As operações unitárias físicas comuns no nível Preliminar são: Peneiramento: É utilizado um crivo com aberturas de tamanho uniforme para remover sólidos de grandes dimensões, como plásticos, tecidos, etc. Geralmente, utiliza-se um máximo de 10 mm. Sedimentação: Processo físico de tratamento de água que utiliza a gravidade para remover os sólidos em suspensão da água. Clarificação:

Utilizado para a separação de sólidos de fluidos.

As águas pluviais oleosas, geradas em caudais variáveis e por vezes muito elevados, são armazenadas num tanque de águas pluviais. O óleo é removido através de separação API e posteriormente através de filtração ou flotação e pode ocasionalmente ser descarregado nesta fase.

Dependendo das concentrações, pode ser submetido a um tratamento biológico, se necessário, antes de ser descarregado; no entanto, neste caso, é frequentemente encaminhado para o fluxo de água de processo.

Se não for este o caso, para a reutilizar, por exemplo, como água de arrefecimento de compensação, será necessário um tratamento terciário para a remoção de sólidos suspensos e, ocasionalmente, de resíduos. Este tratamento pode ser efectuado através de biofiltros (filtros de gotejamento, Biofor).

Objetivo do nível de tratamento primário:

Remoção de materiais flutuantes e sedimentáveis, tais como sólidos em suspensão e matéria orgânica

- Métodos: Neste nível de tratamento são utilizados métodos físicos e químicos.

- Processos químicos unitários: Os processos químicos unitários são sempre utilizados com operações físicas e ■ podem também ser utilizados com processos de tratamento biológico. Os processos químicos utilizam a adição de produtos químicos às águas residuais para ■ provocar alterações na sua qualidade.

TANQUE DE TAMPÃO

As fases situadas a jusante do tanque de compensação (tratamento biológico) são mais afectadas pelas variações de carga do que a fase primária de separação de hidrocarbonetos. O tanque de compensação permite equilibrar o efluente que sai da etapa de separação primária de hidrocarbonetos para absorver as flutuações de carga. O tempo de retenção típico desta fase é de 18 a 24 horas, em função do caudal.

O tanque-tampão está equipado com um sistema de agitação que torna o seu conteúdo uniforme. A agitação é frequentemente efectuada por arejamento.

O tanque tampão também tem um papel na manutenção da temperatura de saída inferior a 40°C. De facto, os efluentes das refinarias podem atingir temperaturas entre 40 e 60°C. Estas temperaturas são adequadas para a fase de separação primária do óleo porque as temperaturas elevadas favorecem a separação água/óleo.

No entanto, para as fases de flotação e de tratamento biológico, é geralmente considerada uma temperatura de 38°C no projeto. Por conseguinte, é necessário um arrefecimento. Nos climas temperados do Norte da Europa, o método mais simples é o arrefecimento ao ar.

Em zonas onde a temperatura ambiente é mais elevada, são utilizados permutadores de calor e sistemas de arrefecimento a água. Se a temperatura da água de arrefecimento não for suficientemente baixa, é necessária uma unidade de arrefecimento.

Em caso de concentração elevada de enxofre (superior a 10mg/L), o tanque-tampão pode ser utilizado para efetuar a oxidação catalítica através da adição de cloreto férrico, mantendo o arejamento necessário para a oxidação.

Exemplo: controlo do pH, coagulação, precipitação química e oxidação. Controlo do pH: Ajustar o pH no processo de tratamento para tornar o pH das águas residuais neutro. Para resíduos ácidos (pH baixo): NaOH, Na2CO3 ■ , CaCO3ou Ca(OH)2. Para resíduos alcalinos (pH elevado): H2SO4 ■ , HCl. Coagulação química e floculação:

- A coagulação consiste em reunir as partículas sólidas minúsculas dispersas num líquido numa massa maior.
- Os coagulantes químicos, como o Al2 (SO4)3 {também chamado alúmen} ou o Fe2 (SO4)3, são adicionados às águas residuais para melhorar a atração entre as partículas finas, de modo a que estas se juntem e formem partículas maiores, chamadas flocos.
- Um floculante químico (normalmente um polielectrólito) melhora o processo de floculação, juntando partículas para formar flocos maiores, que se depositam mais rapidamente.
- A floculação é auxiliada por uma mistura suave que faz com que as partículas colidam.

Métodos de nível de tratamento secundário:

Os processos biológicos e químicos estão envolvidos neste nível. Processo de unidade biológica Para remover ou reduzir a concentração de compostos orgânicos e inorgânicos. O processo de tratamento biológico pode assumir muitas formas, mas todas se baseiam em microrganismos, principalmente bactérias.

Processos aeróbios Os processos de tratamento aeróbio têm lugar na presença de ar (oxigénio). Utiliza os microrganismos (aeróbios) que utilizam o oxigénio livre/molecular para assimilar as impurezas orgânicas, ou seja, convertê-las em dióxido de carbono, água e biomassa. Processos anaeróbios os processos de tratamento anaeróbio ocorrem na ausência de ar (oxigénio).

Utiliza microrganismos (anaeróbios) que não necessitam de ar (molecular/oxigénio livre) para assimilar as impurezas orgânicas. Os produtos finais são o metano e a biomassa

tratamento biológico

O tratamento biológico pode ser um processo de lamas activadas ou um processo MBR. No entanto, no que diz respeito ao processo, o nível de concentração de óleo de entrada deve ser controlado porque um nível de concentração demasiado elevado pode prejudicar o funcionamento da membrana.

Processo de limpeza final que melhora a qualidade das águas residuais antes de estas serem reutilizadas, recicladas ou descarregadas no ambiente. Mecanismo: Remove os compostos inorgânicos remanescentes, e substâncias como o azoto e o fósforo.

As bactérias, os vírus e os parasitas nocivos para a saúde pública são também eliminados nesta fase. Métodos:

Alúmen: Utilizado para ajudar a remover partículas adicionais de fósforo e agrupar os restantes sólidos para facilitar a remoção nos filtros.

O tanque de contacto com o cloro desinfecta as águas residuais tratadas terciariamente, removendo os microorganismos presentes nas águas residuais tratadas, incluindo bactérias, vírus e parasitas.

O cloro remanescente é removido pela adição de bissulfato de sódio imediatamente antes de ser descarregado.

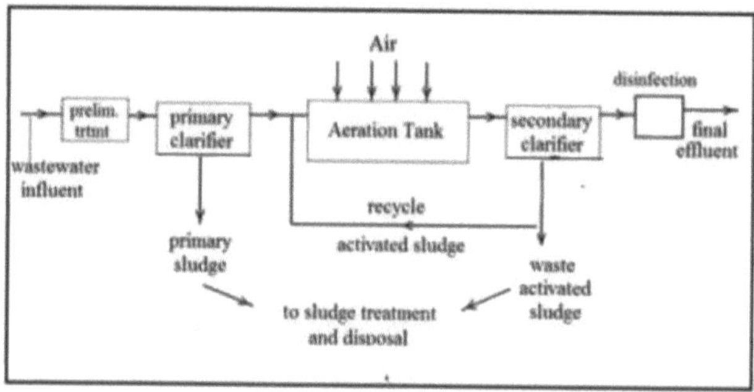

4.6 Funcionamento da fábrica da ETP

1. Câmara de crivagem: Remover sólidos relativamente grandes para evitar a abrasão dos equipamentos mecânicos e o entupimento do sistema hidráulico.

2. Tanque de recolha: O tanque de recolha recolhe a água efluente da câmara de crivagem, armazena-a e bombeia-a para o tanque de equalização.

3. Tanque de equalização: Os efluentes não possuem concentrações semelhantes o tempo todo, o pH varia de tempos em tempos. Os efluentes são armazenados de 8 a 12 horas no tanque de equalização, resultando numa mistura homogénea dos efluentes e ajudando na neutralização. Elimina a carga de choque no sistema de tratamento subsequente. A mistura contínua também elimina a sedimentação de sólidos dentro do tanque de equalização. Reduz SS, TSS.

4. Misturador flash: Foram adicionados coagulantes aos efluentes:

> Cal: (800-1000 ppm) Para corrigir o pH até 8-9

> Alúmen: (200-300 ppm) Para remover a cor

> Polielectrólito: (0,2 ppm) Para assentar as matérias em suspensão e reduzir SS, TSS. A adição dos produtos químicos acima referidos através de uma mistura rápida e eficiente facilita a combinação homogénea de floculantes para produzir microflocos. pH até 8-9

5. Clarrifloculador: No clarrifloculador, a água é circulada continuamente pelo agitador.
A água transbordada é levada para o tanque de arejamento.
As partículas sólidas são sedimentadas, recolhidas separadamente e secas; isto reduz os SS, TSS.
A floculação proporciona uma mistura lenta que leva à formação de macroflocos, que depois se depositam na zona de clarificação.
Os sólidos sedimentados, ou seja, as lamas primárias, são bombeados para leitos de secagem de lamas.

6. Tanque de arejamento:

> A água é passada como uma película fina sobre os diferentes arranjos em forma de

escada.

> A dosagem de ureia e DAP é efectuada.

> A água entra em contacto direto com o ar para dissolver o oxigénio na água.

> Os valores de CBO e CQO da água são reduzidos até 90%.

7. Clarificador:

> O clarificador recolhe as lamas biológicas.

> A água transbordada é designada por efluente tratado e é eliminada.

> A qualidade da água de saída é verificada para estar dentro dos limites aceites, tal como definido nas normas do Bureau of Indian Standards.

> Através de condutas, a água tratada é descarregada no meio ambiente, nas águas dos rios, nos terrenos estéreis, etc

8. Espessador de lamas:

> A água de entrada é constituída por 60% de água + 40% de sólidos.

> O efluente é passado através da centrífuga.

> Devido à ação centrífuga, os sólidos e os líquidos são separados.

> O espessador de lamas reduz o teor de água no efluente para 40% de água + 60% de sólidos.

> O efluente é então reprocessado e as lamas recolhidas no fundo.

9. Leitos de secagem: As lamas primárias e secundárias são secas nos leitos de secagem.

RASTREIO

A crivagem é o processo de filtração para a separação de partículas grosseiras do afluente. Podem ser utilizadas redes de aço inoxidável com poros de diferentes dimensões. Os crivos são limpos regularmente para evitar o entupimento.

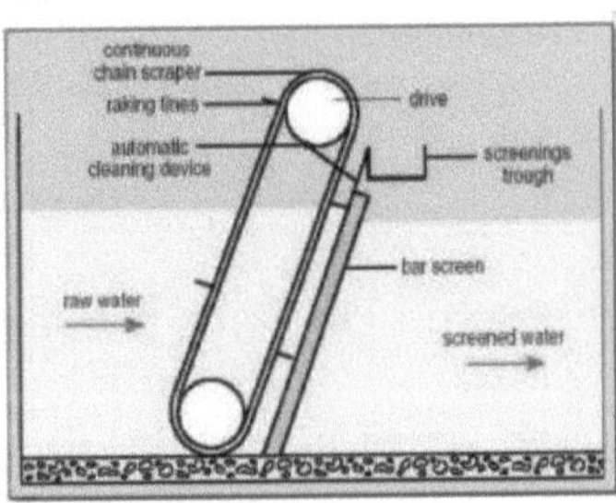

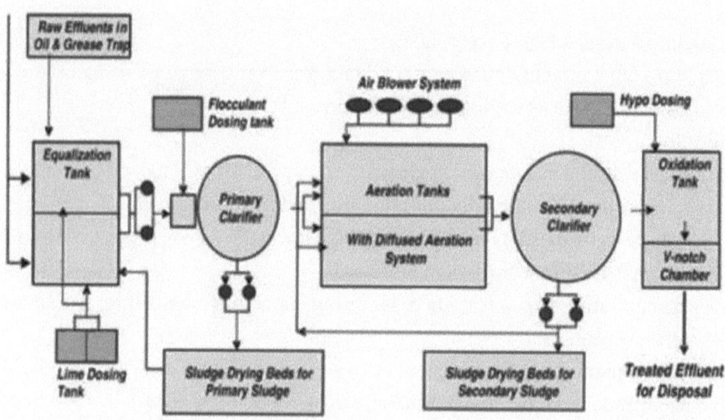

TANQUE DE EQUALIZAÇÃO

A equalização torna as águas residuais homogéneas. O tempo de retenção depende da capacidade da estação de tratamento. (Geralmente 8-16 horas)

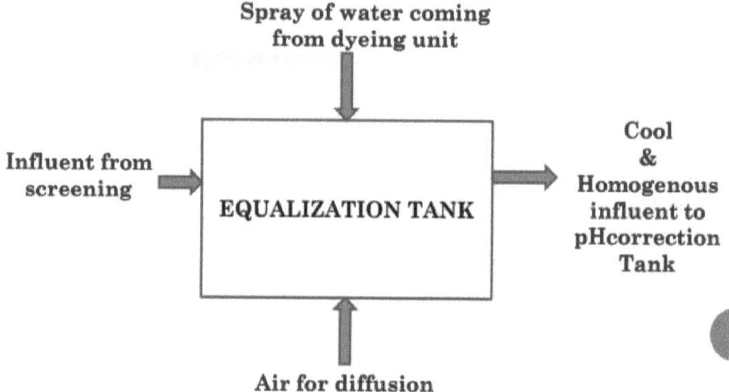

PH CORRECÇÃO

Neste tanque, o pH do afluente é corrigido para cumprir a norma. Adiciona-se ácido ou alcalino ao efluente para aumentar ou diminuir o pH.

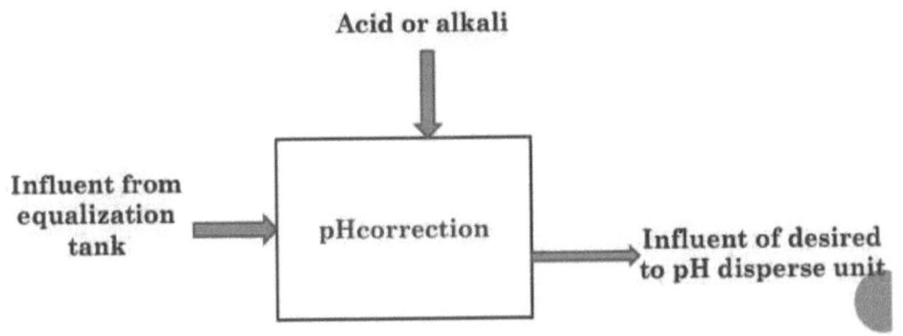

UNIDADE DE DISPERSÃO

O tanque de dispersão mistura as lamas provenientes do tanque de reciclagem com as águas residuais para

AERAÇÃO

A função do arejamento é a oxidação através do sopro de ar.

As bactérias aeróbias são utilizadas para estabilizar e remover a matéria orgânica presente nos resíduos.

SCHEMTIC DIAGRAM OF AERATION

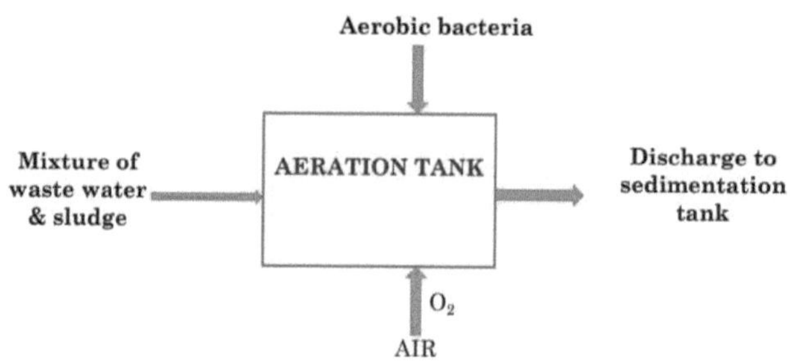

REACTION IN AERATION TANK:

$$ORGANIC\ MATTER + O_2 \xrightarrow[\text{NUTRIENT}]{\text{BACTERIA}} CO_2 + HO_2 + HEAT$$

SEDIMENTATION TANK

> In this tank sludge is settled down.

> Effluent is discharged from plant through a fish pond.

> Sludge is passed to the sludge thickening unit.

TANQUE DE SEDIMENTAÇÃO

> Neste tanque, as lamas são sedimentadas.

> O efluente é descarregado da fábrica através de um tanque de peixes.

> As lamas passam para a unidade de espessamento de lamas.

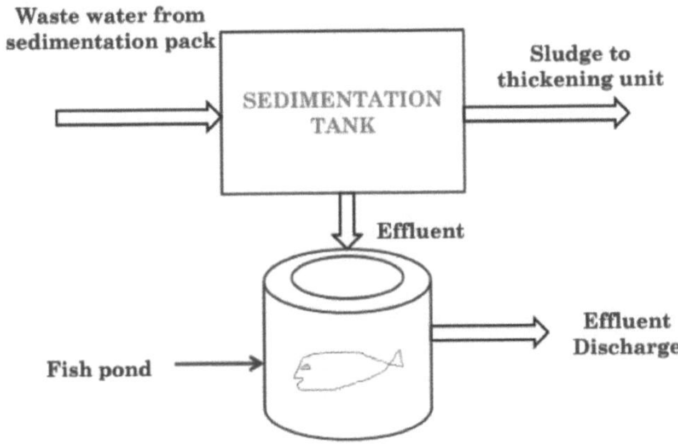

Fish Pond is used to see survival of fishes to ascertain fitness of water for disposal

DESCARGA DE EFLUENTES

UNIDADE DE ESPESSAMENTO DE LAMAS

Aqui as lamas são secas e descarregadas.

Uma quantidade parcial de lamas é devolvida ao tanque de arejamento a partir da unidade de espessamento através do tanque de reciclagem denominado tanque de lamas de retorno e do tanque de dispersão.

SCHEMTIC DIAGRAM OF SLUDGE THICKENING UNIT

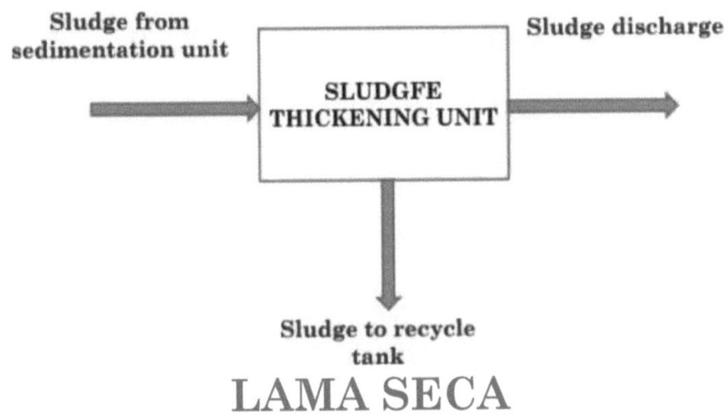

LAMA SECA

TANQUE DE RETORNO DE LAMAS

- A função do tanque de retorno ou tanque de reciclagem é misturar a água com as lamas.
- Esta mistura é então passada para o tanque de arejamento através do tanque de dispersão.

VANTAGEM DE RECICLAR AS LAMAS PARA A CUBA DE AREJAMENTO

- As lamas são novamente oxidadas para minimizar a poluição das lamas.
- As bactérias vivas das lamas são novamente utilizadas no arejamento para utilizar estas bactérias.

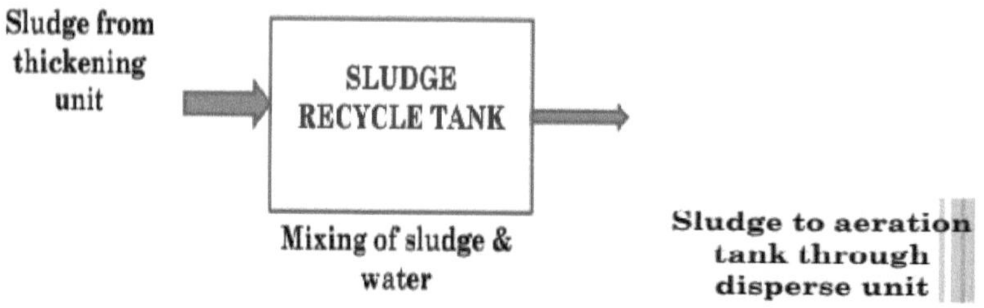

Lamas da unidade de espessamento
TANQUE DE RECICLAGEM DE LAMAS
Mistura de lamas e água

Lamas para o tanque de arejamento através da unidade de dispersão

NORMAS ADMISSÍVEIS NA ÍNDIA

S.N.	Parâmetro	Limites admissíveis (eliminação para águas superficiais interiores)
1	pH	5,5 a 9,0
2	TSS	<100 mg/1
3	Óleos e gorduras	<10 mg/1
4	CBO	<30 mg/1
5	CQO	<250 mg/1

tratamento de lamas

A fase de tratamento das lamas é geralmente constituída por um tanque de armazenamento e uma fase de desidratação. Um tanque de decantação centrífugo é a tecnologia mais utilizada para a desidratação das lamas. O bolo de lamas desidratado é depois enviado para um aterro sanitário.

Diagrama de fluxo de processo de águas residuais de óleo:

Metodologia: as tecnologias de tratamento adoptadas para tratar as águas residuais são as seguintes

A. Processo de lamas activadas

B. Cloragem

C. Filtragem

O tratamento de águas residuais é o processo de remoção de contaminantes das águas residuais e dos esgotos domésticos, tanto de escoamento (efluentes), como domésticos, comerciais e institucionais. Inclui processos físicos, químicos e biológicos para remover contaminantes físicos, químicos e biológicos.

O seu objetivo é produzir um fluxo de resíduos fluidos ambientalmente seguro (ou Efluente Tratado) e um resíduo sólido (ou lamas tratadas) adequado para eliminação ou reutilização.Numa estação de tratamento de águas residuais, o processo de lamas activadas é um processo biológico que pode ser utilizado para um ou vários fins, como a oxidação de matéria biológica carbonácea, a oxidação de matéria azotada: principalmente amónio e azoto em matéria biológica, a remoção de fosfato, a expulsão de gases arrastados, como o dióxido de carbono, o amoníaco e o azoto, a geração de um floco biológico fácil de sedimentar, a geração de um licor com baixo teor de material dissolvido ou em suspensão.

O processo envolve a introdução de ar ou oxigénio numa mistura de águas residuais tratadas primariamente ou de águas residuais industriais combinadas com organismos para desenvolver um floco biológico que reduz o teor de matéria orgânica das águas residuais. A combinação de águas residuais e massa biológica é comummmente conhecida como licor misto.

Em todas as instalações de lamas activadas, uma vez que as águas residuais tenham recebido tratamento suficiente, o licor misto em excesso é descarregado em tanques de decantação e o sobrenadante tratado é escoado para ser submetido a um novo tratamento antes da descarga. Uma parte do material sedimentado, as lamas, é devolvida à cabeça do sistema de arejamento para voltar a semear as novas águas residuais que entram no tanque. Esta fração do floco é denominada lama activada de retorno. As lamas em excesso, designadas por lamas activadas excedentárias, são removidas do processo de tratamento para manter o equilíbrio entre a biomassa e os alimentos fornecidos nas águas residuais, sendo posteriormente tratadas por digestão, em condições anaeróbias ou aeróbias, antes de serem eliminadas. As lamas activadas referem-se a processos de tratamento biológico que utilizam um crescimento suspenso de organismos para remover a CBO e os sólidos suspensos.

O processo requer um tanque de arejamento e um tanque de decantação. Os clarificadores são tanques de decantação construídos com meios mecânicos para a remoção contínua de sólidos depositados por sedimentação. Os microrganismos estão presentes em grande número nas águas residuais e os surtos de doenças transmitidas pela água têm sido associados ao abastecimento de água contaminada pelas águas residuais

5.0 CONCLUSÕES

Os problemas associados à reutilização das águas residuais resultam da sua falta de tratamento. O desafio consiste, pois, em encontrar métodos de baixo custo, de baixa tecnologia e de fácil utilização, que, por um lado, evitem ameaçar os nossos substanciais meios de subsistência dependentes das águas residuais e, por outro, protejam a degradação dos nossos valiosos recursos naturais.

A utilização de zonas húmidas construídas está agora a ser reconhecida como uma tecnologia eficiente para o tratamento de águas residuais. Em comparação com os sistemas de tratamento convencionais, as zonas húmidas construídas necessitam de menos material e energia, são facilmente operadas, não têm problemas de eliminação de lamas e podem ser mantidas por pessoal sem formação. Além disso, estes sistemas têm custos de construção, manutenção e funcionamento mais baixos, uma vez que são alimentados pelas energias naturais do sol, do vento, do solo, dos microrganismos, das plantas e dos animais.

Assim, para uma utilização planeada, estratégica, segura e sustentável das águas residuais, parece haver necessidade de decisões políticas e programas coerentes que englobem tecnologias de tratamento de águas residuais descentralizadas e de baixo custo, biofiltros, estirpes microbianas eficientes e emendas orgânicas/inorgânicas, culturas/sistemas de cultivo adequados, cultivo.

6.0 REVISÃO DA LITERATURA

Os objectivos gerais da regulamentação da qualidade da água consistem em proteger e manter ecossistemas aquáticos prósperos e os recursos que esses sistemas fornecem à sociedade, e em atingir esses objectivos de uma forma económica e socialmente sólida.

Laghzal e Salmoun (2014) analisaram os parâmetros físico-químicos da região de Tânger-Tetuão durante o período do seu estudo. O seu trabalho baseou-se na qualidade da água de acordo com as normas da Organização Mundial de Saúde (OMS, 2004). As amostras foram recolhidas de março a junho de 2013. Os resultados das análises físico-químicas mostraram que a região tinha, em geral, uma boa qualidade da água, com exceção de uma única nascente (Agla), que mostrou uma elevada contaminação de ferro e manganês.

Um estudo foi efectuado por Mangukya Rupal *et al* no ano de 2012. A conclusão é que o IQA para 125 amostras de águas subterrâneas varia entre 22,55 e 247,17, sendo que quase 33,3 por cento das amostras excederam 100, o limite superior para a água potável. Verificou-se que o valor elevado do IQA nestas estações se deve principalmente aos valores mais elevados de ferro, sólidos totais dissolvidos, dureza, cloreto e manganês nas águas subterrâneas. Cerca de 30,8% das amostras de água são de má qualidade e 2,6% das amostras de água são de muito má qualidade e não devem ser utilizadas diretamente para beber. De acordo com a classificação baseada no índice de qualidade da água, 66,7% das amostras de água subterrânea são de boa qualidade e adequadas para fins de consumo, em que 56,4% das amostras de água subterrânea mostram boa qualidade da água e 10,3% das amostras mostram excelente qualidade da água subterrânea. Nesta zona, a qualidade das águas subterrâneas pode melhorar devido ao afluxo de água doce de boa qualidade durante a estação das chuvas. O cálcio e o cloreto estão significativamente inter-relacionados e indicam que a dureza da água é de carácter permanente.

Patil *et al.*, (2012) efectuaram uma revisão dos parâmetros físico-químicos para testar a água. Analisaram diferentes parâmetros físico-químicos como a cor, a temperatura, a acidez, a dureza, o pH, o sulfato, o cloreto, o OD, a CBO, a CQO e a alcalinidade utilizados para testar a qualidade da água. Os metais pesados, como o Pb, Cr, Fe, Hg, etc., são especialmente preocupantes porque provocam envenenamento aquático ou crónico nos animais aquáticos. Foram apresentados alguns relatórios de análise da água com parâmetros físico-químicos para o estudo dos parâmetros de exploração.

Foi realizado um estudo por Dhirendra Mohan Joshi e *et al*. Conclusão A partir das presentes investigações, concluímos que a qualidade da maioria das amostras de água em estudo era adequada para beber, exceto na estação das chuvas. Na estação das chuvas, o IQA aumenta devido ao aumento da concentração de sódio e de sólidos dissolvidos. Devido à elevada concentração de sódio, existe um risco potencial de contrair doenças cardiovasculares e, nas mulheres, toxemia associada à gravidez. A partir dos valores do WQI, sugere-se que é necessário melhorar o tratamento da água do Ganges em Haridwar.

CAPÍTULO 07

7.1 Pormenores da localização das amostras da ETP PLANT

Sr. Não.	Data de Amostragem	Código de amostra	Localização	Tipo
1	01.07.2021	W1	AWL-MUNDRA	ENTRADA DA FÁBRICA DE ACIDOIL
2	01.07.2021	W2	AWL-MUNDRA	SAÍDA DE FÁBRICA DE ACIDOIL
3	01.07.2021	W3	AWL-MUNDRA	ETP-1 ENTRADA
4	01.07.2021	W4	AWL-MUNDRA	ETP-1 SAÍDA
5	01.07.2021	W5	AWL-MUNDRA	CUBA DE AREJAMENTO ETP-1
6	01.07.2021	W6	AWL-MUNDRA	ETP-1 HRSCC
7	01.07.2021	W7	AWL-MUNDRA	ETP-2 ENTRADA
8	01.07.2021	W8	AWL-MUNDRA	ETP-2 SAÍDA
9	01.07.2021	W9	AWL-MUNDRA	CUBA DE AREJAMENTO ETP-2
10	01.07.2021	W10	AWL-MUNDRA	ETP-2 HRSCC
11	01.07.2021	W11	AWL-MUNDRA	ETP-3INLET
12	01.07.2021	W12	AWL-MUNDRA	ETP-3 SAÍDA
13	01.07.2021	W13	AWL-MUNDRA	CUBA DE AREJAMENTO ETP-3
14	01.07.2021	W14	AWL-MUNDRA	ETP-3 HRSCC

7.2 Caraterísticas físico-químicas das amostras de água

As amostras de água foram recolhidas em diferentes locais da fábrica de ETP da Adani Wilmar Ltd durante o mês de julho de 2021 e submetidas à análise de vários parâmetros físico-químicos, tais como pH, condutividade eléctrica, sólidos dissolvidos totais, dureza total, carência química de oxigénio (CQO), sólidos suspensos totais (SST), TFM/O&G, cloreto, sulfato, fosfato, turbidez.

7.3 Reagentes e padrões

Durante o estudo, foram utilizados produtos químicos de qualidade analítica. Todos os reagentes e padrões de calibração necessários para este estudo foram preparados com água desionizada. As amostras foram analisadas duas vezes sempre que necessário.

CAPÍTULO 08

8.0 Metodologia

8.1

Título	DETERMINAÇÃO DO VALOR DO pH (CONCENTRAÇÃO DE IÕES HIDROGÉNIO) DA ÁGUA
Appa ratus	Medidor de pH com elétrodo de vidro
Procedimento	Colher uma amostra de água num copo pequeno. Limpar o elétrodo de vidro do medidor de pH com papel absorvente Em seguida, mergulhar o elétrodo de vidro limpo no copo que contém a amostra de água e anotar a leitura do pH.
REFERÊNCIA	Manual do BIS, IS 3025 - 1964
Precaução	Devem ser utilizados equipamentos de proteção individual, como luvas, máscara, etc., para evitar qualquer acidente/lesão.

8.2

Título	DETERMINAÇÃO DO FOSFATO (PO4^{---}) NA ÁGUA
Principal	Aplicável a todos os tipos de água que contenham fosfatos. A amostra é neutralizada em fenolftaleína e reagida com molibdato de amónio e cloreto de estanho, o desenvolvimento da cor azul obtida é comparado com uma série de soluções padrão.
APARELHOS	Balões volumétricos de 50 ml de capacidade. Espectrofotómetro adequado para comprimentos de onda de 690 nm. Turbidímetro HACH. Bureta e pipetas.
REAGENTES	Carbono descolorante. (Grau AR) Indicador de fenolftaleína: Dissolver 0,10 g de fenolftaleína em 60 ml de espremedor rectificado e completar a 100 ml com água destilada. Solução padrão de fosfato: Dissolver 0,716 g de di-hidrogenofosfato de potássio seco em 1 litro de água destilada. Diluir 100 ml desta solução para 1 litro. "1 ml desta solução diluída contém 0,05 mg de fosfato como (PO4). Molibdato de amónio: Dissolver 25 g de molibdato de amónio em 175 ml de água destilada, noutro recipiente adicionar 310 ml de ácido sulfúrico conc. em 400 ml de água destilada, arrefecer e adicionar a solução de molibdato de amónio ao ácido diluído e completar o volume até 1 litro com água destilada. Diluir o ácido sulfúrico: Adicionar 111 g de ácido sulfúrico aos 1000 ml de água destilada.
	Cloreto de estano: Dissolver 2,5 g de cloreto de estano em 10 ml de HCl e diluir a 100 ml com água destilada; se estiver turvo, filtrar; para evitar a oxidação, adicionar uma camada de 5 mm de óleo mineral à solução e mantê-la num local fresco.
Procedimento	I. Se a amostra tiver cor, descolorir com 0,125 g de carbono e filtrar a solução. Colocar 47,5 ml da amostra num erlenmeyer de 150 ml e neutralizar com fenolftaleína, manter o erlenmeyer em banho-maria a temperatura constante durante 10 minutos e adicionar 2 ml de molibdato de amónio e 0,25 ml de solução de cloreto de estano. Agitar e manter novamente o frasco em banho-maria durante 10 minutos, Verificar imediatamente a absorvância da solução com o medidor de turbidez Hach.

	Medir água destilada como branco, anotar a leitura da absorvância. II. Espectrofotómetro: Fosfato, ppm =Leitura de concentração (em mg) x 1000 Volume da amostra (em ml) III. CÁLCULO: - Fosfato (expresso em PO4) ppm = 139,8 x Absorvância da amostra IV.CALIBRAÇÃO Introduzir 0,0, 0,1, 0,2, 0,3, 0,4, 0,5, 0,6 ml de solução padrão de fosfato (contendo 0, 10, 20, 30, 40, 50, 60ppm, respetivamente) no balão volumétrico de 50 ml, adicionar 10 ml de água destilada e manter o balão em banho-maria a temperatura constante durante 10 minutos.25 ml de solução de cloreto de estanho, agitar e voltar a manter o balão em banho-maria durante 10 minutos, verificar imediatamente a absorvância da solução com o medidor de turbidez Hach Traçar um gráfico entre ppm vs. absorvância dos padrões. V. Precisão: - +/- 2,5 ppm na gama de 150 ppm.
REFERÊNCIA	Manual do BIS, IS 3025 - 1964
Precaução	Devem ser utilizados equipamentos de proteção individual, como luvas, máscara, etc., para evitar qualquer acidente/ferimento.
Título	DETERMINAÇÃO DOS SULFITOS (SO -- EM ÁGUA 3)
Principal	A amostra é titulada com uma solução-padrão de iodato-iodeto, utilizando amido como indicador.
Reagentes	Diluir o ácido clorídrico: Adicionar 200 ml de HCl concentrado a 100 ml de água destilada. (2:1) Solução indicadora de amido: Juntar 5 g de amido e 0,01 g de iodeto de mercúrio a 30 ml de água destilada fria e verter lentamente, com agitação constante, para 1 litro de água destilada em ebulição. Deixar ferver durante três minutos. Deixar arrefecer e decantar o líquido límpido sobrenadante. Solução padrão de iodato - iodeto: Pesar com exatidão 0,713 gm de iodato de potássio e dissolver em cerca de 150 ml de água destilada. Adicionar 7 g de iodeto de potássio e 0,5 g de bicarbonato de sódio, dissolver e diluir a solução até exatamente 1 litro.
Procedimento	I. Colocar 50 ml de amostra de água num erlenmeyer e adicionar 2 ml de HCl diluído. Adicionar agora cerca de 1 ml de indicador de amido e, com agitação constante, titular com uma solução-padrão de iodeto de iodato até obter uma cor azul ténue. Anotar a leitura II. CÁLCULO: Sulfitos (como SO3), mg/l = 800 x V1 V2 Onde... V1= Vol. em ml de solução-padrão de iodeto de iodato necessária, V2= Vol. em ml do recipiente da amostra. III. GAMA DE EXACTIDÃO: O método é adequado para a gama de 1,25 a 20 mg de sulfito (como SO3)
REFERÊNCIA	Manual do BIS, IS 3025 - 1964
Precaução	Devem ser utilizados equipamentos de proteção individual, como luvas, máscara,

	etc., para evitar qualquer acidente/lesão.
Título	DETERMINAÇÃO DA DUREZA TOTAL DA ÁGUA
Principal	A dureza total da água é a soma da concentração de todos os iões metálicos; é expressa como concentração equivalente de carbonato de cálcio. Na maior parte da água, é devida à presença de iões de cálcio e magnésio.
Reagentes	Solução indicadora de negro de cromo T monocromático: Dissolver 0,5 g de negro monocromático T em 100 ml de trietanolamina. Solução-tampão de amoníaco: Dissolver 67,5 g de cloreto de amónio em 570 ml de hidróxido de amónio (Sp gr 0,92) e completar o volume para 1 litro com água destilada. Solução padrão de EDTA: Dissolver 4,0 g de sal dissódico de EDTA em 800 ml de água destilada e adicionar 0,86 g de hidróxido de sódio e 0,1 g de $MgC^\wedge$. $2H2O$.
Procedimento	I. Colher cerca de 50 ml de amostra de água no frasco cónico de 250 ml Adicionar 4 -5 gotas do indicador solochrom black T e 0,5 ml de solução-tampão de amoníaco Titular com solução padrão de EDTA até a cor mudar de rosa para azul. Anotar a leitura. II. CÁLCULO: Dureza total = Volume de EDTA x 1000 Peso da amostra
REFERÊNCIA	Manual do BIS, IS 3025 - 1964
Precaução	Devem ser utilizados equipamentos de proteção individual, como luvas, máscara, etc., para evitar qualquer acidente/lesão.
Título	DETERMINAÇÃO DOS SÓLIDOS TOTAIS NA ÁGUA
Appa ratus	Dessecador de pratos de sílica
Procedimento	I. Pipetar 100 ml da amostra bem misturada para uma cápsula de sílica limpa, seca e arrefecida (previamente aquecida a 105° C durante 30 minutos) e evaporar até à secura num banho de vapor. Limpar o exterior do prato e secar o resíduo durante uma hora a 103-105 C° Transferir a cápsula para um exsicador e deixar arrefecer até à temperatura ambiente, pesando em seguida o resíduo Repetir a secagem e a pesagem até que o peso seja constante, com uma aproximação de 0,5 mg. II. CÁLCULO: 6 W x 10 Sólidos totais, mg / litro (ppm) = V Onde, W = Peso em g do resíduo obtido V = Volume, em ml, da amostra colhida
REFERÊNCIA	Manual do BIS, IS 3025 - 1964
Precaução	Devem ser utilizados equipamentos de proteção individual, como luvas, máscara, etc., para evitar qualquer acidente/lesão.
Título	DETERMINAÇÃO DAS MATÉRIAS EM SUSPENSÃO E DOS SÓLIDOS TOTAIS DISSOLVIDOS NA ÁGUA
Appa ratus	Cadinho de Gooch
Procedimento	I. Para as amostras de água que contenham pouca matéria em suspensão, utiliza-se o procedimento (a). Para as amostras que contenham muita matéria em suspensão,

	utiliza-se o procedimento (b).
	(a)
	Filtrar a amostra através de um papel de filtro
	Pipetar 100 ml do filtrado para uma cápsula de sílica limpa, seca e arrefecida (previamente aquecida a 105° C durante 30 minutos) e evaporar até à secura num banho de vapor.
	Limpar o exterior do prato e secar o resíduo durante uma hora a uma temperatura de 103 a 105° C.
	Transferir a cápsula para um exsicador e deixar arrefecer até à temperatura ambiente, pesando em seguida o resíduo
	Repetir a secagem e a pesagem até que o peso seja constante, com uma aproximação de 0,5 mg
	O resíduo final obtido é o total de sólidos dissolvidos
	(b)
	II. Utilizar um cadinho de Gooch com uma abertura de 0,3 a 0,5 mm. Deitar de 0 a 30 ml de uma suspensão de 0,5% de amianto Gooch em água.
	Permitir a drenagem e, em seguida, aplicar uma succção suave seguida de uma succção forte.
	Lavar com água destilada, secar primeiro a baixa temperatura e, por fim, inflamar fortemente
	Deixar arrefecer e voltar a lavar com água destilada, utilizando uma forte succção.
	Secar a 105° C até o peso ficar constante
	Filtrar um volume conhecido da amostra através do cadinho de Gooch
	Após filtração, lavar com água destilada. Secar a 105° C durante uma hora. Arrefecer e pesar.
	III. CÁLCULO:
	PARA O PROCEDIMENTO a):
	$$\text{Total de sólidos dissolvidos (TDS), mg/litro} = \frac{L \times 10^6}{V}$$
	Matéria em suspensão (mg/lit) = Sólidos totais (mg/lit) - Sólidos totais dissolvidos (mg/lit)
	IV.
	PARA O PROCEDIMENTO b):
	$$\text{Matéria em suspensão, mg/lit} = \frac{L \times 10^6}{V}$$
	Onde,
	W = Peso em g das matérias em suspensão
	V = Volume, em ml, da amostra colhida para filtração
REFERÊNCIA	Manual do BIS, IS 3025 - 1964
Precaução	Devem ser utilizados equipamentos de proteção individual, como luvas, máscara, etc., para evitar qualquer acidente/lesão.
Título	DETERMINAÇÃO DE CLORETOS NA ÁGUA
Definição	A amostra, depois de neutralizada, é titulada com uma solução padrão de nitrato de

	prata, utilizando o indicador cromato de potássio.
Reagente	Suspensão de hidróxido de amónio: Dissolver 125 g de alúmen de potássio ou de amónio em 1 litro de água destilada. Precipitar o alumínio adicionando hidróxido de amónio lentamente e com agitação. Lavar o precipitado por decantação sucessiva com várias porções de água destilada até à eliminação dos sulfatos. Peróxido de hidrogénio: 30 por cento Carbonato de cálcio Ácido nítrico padrão - 0,1 N Solução de cromato de potássio: Dissolver 5 g de cromato de potássio em água destilada e completar o volume até 100 ml. Adicionar nitrato de prata até obter um ligeiro precipitado vermelho e filtrar. Solução padrão de nitrato de prata: Dissolver 4,791 g de nitrato de prata, seco a 105° C, em água destilada e completar o volume até 1000 ml.
Procedimento	I. Filtrar 100 ml de amostra. Se a amostra for colorida, descolorir adicionando 3 ml de suspensão de hidróxido de alumínio Agitar bem e lavar com 10 a 15 ml de água destilada. Se o sulfito estiver presente, adicionar 1 ml de peróxido de hidrogénio, agitando. Colher a amostra numa bacia de porcelana. Se o pH da amostra for inferior a 6,8, adicionar uma pequena quantidade de carbonato de cálcio à amostra para neutralizar a acidez. Se o pH for superior a 6,8, determinar a quantidade de ácido nítrico necessária para neutralizar 100 ml de amostra e adicionar essa quantidade de ácido à porção, adicionando depois um vestígio de carbonato de cálcio. Adicionar 1 ml de solução de cromato de potássio e titular com solução-padrão de nitrato de prata, sob agitação constante, até obter uma coloração avermelhada percetível. Subtrair 0,2 ml do valor da titulação. Para ter em conta o excesso de reagente necessário para formar o cromato de prata. II. CÁLCULO: 1000 x V1 x f Cloretos (como Cl) mg/lit = V2 Onde, V1 = Volume, em ml, da solução-padrão de nitrato de prata na titulação f = mg de cloreto equivalente a 1 ml de solução de nitrato de prata V2 = Volume, em ml, da amostra colhida para o ensaio
REFERÊNCIA	Manual do BIS, IS 3025 - 1964
Precaução	Devem ser utilizados equipamentos de proteção individual, como luvas, máscara, etc., para evitar qualquer acidente/lesão.
Título	DETERMINAÇÃO DA MATÉRIA ORGÂNICA TOTAL (OXIGÉNIO CONSUMIDO) CARÊNCIA QUÍMICA DE OXIGÉNIO NA ÁGUA
Definição	A CQO é determinada refluxando a amostra com um excesso de dicromato de potássio em condições ácidas e estimando por titulação a quantidade de dicromato consumida. As amostras instáveis devem ser testadas sem demora e as amostras que contenham sólidos sedimentáveis devem ser homogeneizadas para uma amostragem representativa.
Reagentes	Solução padrão de dicromato de potássio - 0,25 N

	Ácido sulfúrico concentrado A solução-padrão de sulfato ferroso de amónio - 0,25 N, deve ser padronizada diariamente em relação à solução-padrão de dicromato de potássio Solução indicadora de ferroína: Dissolver 1,485 g de 1,10 fenanatrolina (mono-hidratada) com 0,695 g de sulfato ferroso em água destilada e diluir a 100 ml. Sulfato de prata
Procedimento	I. Colocar uma amostra de 50 ml num balão de fundo redondo de 300 ml. Juntar 25 ml de solução-padrão de dicromato de potássio. Adicionar cuidadosamente 75 ml de ácido sulfúrico concentrado. Misturar bem a amostra. Ligar o balão ao refrigerante e submeter a mistura a refluxo durante duas horas. Devem ser adicionadas contas de vidro à mistura para evitar choques. Arrefecer e lavar o condensador com cerca de 25 ml de água destilada. Transferir o conteúdo para um erlenmeyer de 500 ml, lavando o balão de refluxo 4 a 5 vezes com água destilada. Diluir a mistura até cerca de 350 ml e titular o excesso de dicromato de potássio com uma solução-padrão de sulfato ferroso e amónio, utilizando o indicador ferroína. O ponto final passa de um verde azulado para um azul avermelhado. Um branco constituído por 50 ml de água destilada em vez da amostra, juntamente com os reagentes, é refluxado da mesma forma. II. CÁLCULO: Matéria orgânica total (A-B) N x 8000 (em termos de oxigénio consumido), mg/l = V Onde, A = volume, em ml, da solução de sulfato ferroso de amónio utilizada na titulação no ensaio em branco B = volume, em ml, da solução de sulfato ferroso de amónio utilizada na titulação com a amostra. N = Normalidade da solução padrão de sulfato ferroso de amónio. V = volume, em ml, da amostra colhida para o ensaio.
REFERÊNCIA	Manual do BIS, IS 3025 - 1964
Precaução	Devem ser utilizados equipamentos de proteção individual, como luvas, máscara, etc., para evitar qualquer acidente/lesão.
Título	DETERMINAÇÃO DE ÓLEOS E GORDURAS NA ÁGUA
Definição	Um solvente orgânico extrai os óleos e as gorduras. O solvente é destilado e o peso da matéria extraída é determinado.
Reagentes	Ácido clorídrico diluído - 1:1 Éter de petróleo - intervalo de ebulição 40 a 60 C°
Procedimento	I. ARMAZENAMENTO DE AMOSTRAS: As bactérias utilizam muitos óleos e hidrocarbonetos, pelo que a armazenagem é prejudicial. A amostra deve ser acidificada com ácido sulfúrico diluído (1:1) a 5 ml/l da amostra, para inibir a atividade bacteriana. Colocar 1 litro de amostra na ampola de decantação. Acidificar a amostra com ácido clorídrico diluído, 5 ml/l de amostra Lavar cuidadosamente o frasco das amostras com 15 ml de éter de petróleo e adicionar as lavagens com éter à ampola de decantação.

Adicionar mais 25 ml de éter ao frasco de amostra, rodar o éter no frasco de amostra e adicionar o éter à ampola de decantação.

Agitar vigorosamente durante 2 minutos e deixar separar a camada de éter.

Retirar a parte aquosa da amostra para um recipiente limpo e transferir a camada de solvente para um balão de destilação tarado com capacidade para conter pelo menos três volumes de solvente.

Se não for possível obter uma camada de éter límpida, filtrar a camada de solvente para o balão de destilação alcatroado através de um funil com papel de filtro humedecido em éter (papel de filtro Whatman n.o 40)

O papel de filtro deve ser lavado com éter de petróleo.

Devolver as porções aquosas da amostra à ampola de decantação, lavando o recipiente com 15 ml de éter.

Adicionar as lavagens de éter e 25 ml de éter à ampola de decantação e agitar durante mais 2 minutos.

Deixar separar a camada de solvente e rejeitar a fase aquosa

Adicionar o extrato etéreo ao balão de destilação tarado e lavar a ampola de decantação com 20 ml de éter.

Juntar as lavagens com éter ao balão de destilação tarado. Incluir todo o éter das duas extracções e da lavagem final,

Lavar o funil e o papel de filtro duas vezes com incrementos frescos de 5 ml de éter pet.

Destilar todos os extractos etéreos, com exceção de 10 ml, num banho de água a uma temperatura de 70º C.

Desligar o condensador e ferver o solvente restante do balão com alcatrão à mesma temperatura.

Secar em banho-maria.

Introduzir três volumes de azoto no balão para deslocar o vapor do solvente.

Arrefecer num exsicador durante 30 minutos e pesar

II. CÁLCULO:

$$\text{Óleos e gorduras, mg / l (ppm)} = \frac{1000\ W}{V}$$

Onde,

W = peso, em mg, do resíduo no balão

V = volume, em ml, da amostra colhida para o ensaio

REFERÊNCIA	Manual do BIS, IS 3025 - 1964
Precaução	Devem ser utilizados equipamentos de proteção individual, como luvas, máscara, etc., para evitar qualquer acidente/lesão.

CAPÍTULO 09

Dados da análise

Data	Entrada da ETP 1									
Parâmetro	PH	TDS (ppm)	CQO (ppm	TSS (mg/l)	TH	TFM/O&G	Cloreto	Sulfato	fosfato (PO$_4^3$l	Turbidez
Especificações	2-3	2100 MAX.	5000 MAX	1000 max		0,1 % max	600 max	1000 max		NTU
01.07.2021	2.09	5040	3600	1200	120	0.019	390	456	260	1100
02.07.2021	1.50	1560	4100	800	126	0.012	256	536	362	700
05.07.2021	2.00	1900	4020	920	100	0.015	425	345	245	600
08.07.2021	1.91	6726	5900	450	169	0.095	366	502	215	300

Data	ETP 1 Saída									
Parâmetro	PH	TDS (ppm)	CQO (ppm)	SST (ppm)	TH	TFM/O&G	Cloreto	fosfato (PO4^3 ")	Sulfato	Turbidez
Especificações	6.5 - 8.5	2100 MAX.	100 MAX	100 max	150 max	10 Mg/l max	600 max		1000 max	02 NTU max
01.07.2021	6.50	2130	81.0	50	142	0	200	187	202	14.0
02.07.2021	5.87	1800	98	60	150	0	230	102	195	60.0
05.07.2021	6.40	2000	78	72	146	0	220	193	165	73.0
08.07.2021	6.52	1740	95	20	126	0	200	164	342	13.0

Data	ETP 1 HRSCC								
Parâmetro	PH	TDS (ppm)	CQO (ppm)	SST (mg/l)	CBO mg/l	TFM/O&G	Cloreto	Sulfato	Turbidez
Especificações									
01.07.2021	13.0	6066	600	130	NA	0.0000	300	NA	60
02.07.2021	12.5	5400	500	120	NA	0.0000	245	NA	53
05.07.2021	12.6	5500	700	130	NA	0.0000	300	NA	64
08.07.2021	12.6	5994	860	140	NA	0.0000	326	NA	30

Parâmetro	PH	TDS (ppm)	CQO (ppm)	SST (ppm)	TH	TFM/O&G	Cloreto	Sulfato	Turbidez
Especificações	2-3	2100 Máximo	5000 Máximo	1000 max		0,1 % max	600 max	1000 max	NTU
02.07.2021	2.30	1845	12600	1125	102	0.10	262	190	156
03.07.2021	1.95	2021	4560	890	90	00	345	142	120
06.07.2021	2.30	3012	13601	1230	109	0.12	367	456	60
07.07.2021	3.09	1369	5245	390	123	00	92	260	120

Data	ETP 2 Saída									
Parâmetro	PH	TDS (ppm)	CQO (ppm)	SST (ppm)	TH	TFM/O&G	Cloreto	fosfato (PO?")	Sulfato	Turbidez
Especificações	6.5 - 8.5	2100 MAX.	100 MAX	100 max	150 max	10 Mg/l max	600 max		1000 max	02 NTU max
02.07.2021	6.50	2130	81.0	50	142	0	200	145	102	16
03.07.2021	7.10	1800	100.0	60	150	0	230	100	136	11
06.07.2021	7.02	2000	90	72	146	0	220	98	145	26
07.07.2021	6.52	1740	108	20	126	0	200	156	100	12

Data	Entrada da ETP 500KL									
Parâmetro	PH	TDS (ppm)	CQO (ppm)	SST (ppm)	TH	TFM/O&G	Cloreto	Sulfato	fosfato (PO4^3")	Turbidez
Especificações	2-3	10000 Máximo	5000 Máximo	1000 max			0,1 % max	600 max	1000 max		NTU
10.07.2021	3.10	8220	5400	2100	142	0.017	260	212	166	2200
11.07.2021	3.32	5281.8	6206	3000	102	0.015	356	320	456	2800
14.07.2021	3.00	5000	7100	2800	245	0.014	198	345	526	2400
15.07.2021	3.87	5954	7500	3200	136	0.100	345	200	536	2800
Parâmetro	PH	TDS (ppm)	CQO (ppm)	SST (ppm)	TH	TFM/O&G	Cloreto	Sulfato	fosfato (PO43")	Turbidez
Especificações	6.5 - 8.5	10000 Máx.	200 Máximo	100 Máximo	150 Máximo	10 Mg/l max	600 max	1000 max		02 NTU max
10.07.2021	9.64	6780	197	42	160	0.000	500	398	202	24
11.07.2021	9.91	6750	166	40	186	0.000	530	456	236	15
14.07.2021	9.02	6600	189	53	185	0.000	525	345	197	30
15.07.2021	8.70	4520	178	44	172	0.000	423	246	189	19

CAPÍTULO 10

10.1 RESUMO E CONCLUSÃO

O estudo avaliou a qualidade da água numa amostra de água subterrânea do distrito de Kachchh. Foi efectuado um estudo comparativo das águas subterrâneas com base em determinados parâmetros importantes, como o pH, o total de sólidos dissolvidos, a dureza total, a dureza ca, a dureza mg, o cálcio, o sódio, o potássio, o lítio e os metais pesados. No caso das águas subterrâneas, está a ser feita uma referência especial aos metais pesados.

O presente estudo revela que todas as amostras de água de fontes subterrâneas estão bem dentro dos limites BIS, exceto duas amostras. Em especial, parâmetros como CE e TH são geralmente mais elevados na maioria das amostras. A água do poço de Samakhyali não é adequada para beber.

Os metais pesados são importantes em muitos aspectos para o homem, especialmente no fabrico de certos produtos importantes de uso humano, tais como acumuladores (Pb), lâmpadas e termómetros de mercúrio (Hg), utensílios (Al) e uma vasta gama de outros produtos (Yaw, 1990; McCluggage, 1991). Mas os efeitos biotóxicos, quando indevidamente expostos a eles, podem ser potencialmente fatais, pelo que não podem ser negligenciados.

No presente estudo, a concentração de metais pesados excede os limites, a principal razão é que a atividade antropogénica, como a navegação, o transporte marítimo e a pesca, pode estar associada ao enriquecimento em metais pesados.

10.2 REFERÊNCIAS

> Dean J. G., F. L. Basqui e Lanouette, 1972, Removing heavy metals from wastewater Env. Sci. Tech. 6:518

> Huang C. P. 1977, Removal of heavy metals from industrial effluents (Remoção de metais pesados de efluentes industriais) J. Env . Eng. Division, ASCE 118 (EE6): 923-947.

> Loomba, K. e G. S. Pandey 1993, Remoção selectiva de alguns iões de metais tóxicos (Hg (II), pb (II) e Zn (II)) por redução utilizando escórias granuladas de siderurgia. Indian J. Env., Health A:20:105-112.

> Shrivastava, A.K., A Review on copper pollution and its removal from water bodies by pollution control Technologies, IJEP 29(6): 552-560, 2009.

> Journal of environmental Management, vol. 88, número 3, agosto de 2008, pp. 437-447.

> Potencial de reutilização de águas residuais industriais - internet (web)

> Estratégias de gestão de resíduos para as indústrias.

> U.S. Environmental protection Agency, Design criteria for Mechanical, Electric and Fluid system e Washington, D. C., 1974.

> Raj kumar Agrawal e Piyush Kant Pandey, Productive recycling of basic oxygen furnace sludge in integrated steel plant. Journal of scientific and industrial Research, vol. 64, sept. 2005, pp. 702-706.

> B. Das, S. Prakash, P.S.R. Reddy, VN Mishra, An overview of utilization of slag and sludge from steel industries, Resources, Conservation and Recycling Vol. 50, Issue1, March 2007, pp. 40-57.

> Richard D. Hook, Steel Mill Sludge Recovery, Journal. Water pollution control Federation, vol.33, No. 10 (Out. 1961) pp.1.

> P. K. Bhunia, M. K. Stenstrom, optimal design and operation of wastewater treatment

plant, 1986. [20] Ulf Jeppson, Modeling aspects of wastewater treatment process,

> M. Drolka et al., modelo e tratamento de águas residuais, chem. Biochem Eng. Q.15 (2) pp. 7174 (2001) [22] JPN Rai et al ., mathematical model for phytoremediation of pulp and paper industries wastewater, JSIR, 64, 2005,PP 717-721.

> A. O. Ibeje, B. C. Okoro, modelação matemática do tratamento de águas residuais de mandioca utilizando um reator anaeróbio de arrasto, AJER, 2(5).2013,pp. 128-134.

> Alqahtani, R., Nelson, M. I. & Worthy, A. L., Um modelo matemático para o tratamento biológico de águas residuais industriais numa cascata de reactores. CHEMECA 2011(pp. 1-11).

> L. D. Robescu et. al., Mathematical modeling of Sharon Biological Wastewater treatment Process, U. P. B. Sci. Bull. Series D, 74(1), 2102, pp. 229-236.

> Anónimo. 2004. Relatório do projeto NATP - MM sobre "Utilização de efluentes urbanos e industriais na agricultura" CSSRI, Karnal 132001, Índia.

> Bhamoriya V. 2004. Irrigação de águas residuais em Vadodara, Gujarat, Índia: Catalisador Económico para Comunidades Marginalizadas. In: Scott CA, Faruqui NI e Raschid-Sally L. (Eds). Wastewater Use in Irrigated Agriculture: Confronting Livelihhod and Environmental Realities. CAB International em Associação com IWMI: Colmbo, Sri Lanka, e IDRC: Ottawa, Canadá.

> Bhardwaj RM. 2005. Status of Wastewater Generation and Treatment in India, Sessão de Trabalho Conjunta IWG-Env sobre Estatísticas da Água, Viena, 20-22 de junho de 2005.

> Billore, S.K., Singh, N., Sharma, J.K., Nelson, R.M., Dass, P. (1999). Zona húmida construída em leito de gravilha de fluxo horizontal subsuperficial com Phragmites karka na Índia Central. Ciência e Tecnologia da Água. 40: 163-171.

> Billore, S.K., Singh, N., Ram, H.K., Sharma, J.K., Singh, V.P., Nelson, R.M., Dass, P. (2001). Tratamento de efluentes de destilaria à base de melaço numa zona húmida construída na Índia Central. Water Science Technology. 44: 441-448.

> Billore, S.K., Ram, H., Singh, N., Thomas, R., Nelson, R.M., Pare, B. (2002). Avaliação do desempenho do tratamento da remoção de surfactantes de águas residuais domésticas numa zona húmida tropical horizontal construída à superfície. In: Actas da 8ª Conferência Internacional sobre Sistemas de Zonas Húmidas para Controlo da Poluição da Água, Universidade de Dar-es-Salaam, Tanzânia e IWA, pp. 393-399.

> Capítulo 3: Análise e seleção de caudais de águas residuais e cargas de constituintes". Engenharia de águas residuais: tratamento e reutilização. George Tchobanoglous, Franklin L. Burton, H. David Stensel, Metcalf & Eddy (4ª ed.). Boston: McGraw-Hill. 2003. ISBN 007-041878-0. OCLC 48053912.

> Von Sperling, M. (2015). "Caraterísticas, tratamento e eliminação de águas residuais". Inteligência da Água Online. 6 (0): 9781780402086 9781780402086. doi:10.2166/9781780402086. ISSN 1476-1777.

> "Estudos de casos de prevenção da poluição". EPA. 3 de março de 2021.

> Naddeo, V.; Meriç, S.; Kassinos, D.; Belgiorno, V.; Guida, M. (setembro de 2009). "Destino dos produtos farmacêuticos em efluentes de águas residuais urbanas contaminadas sob irradiação ultra-sónica". Investigação sobre a água. 43 (16): 4019 4027. doi:10.1016/j.watres.2009.05.027. PMID 19589554.

>   "Battery Manufacturing Effluent Guidelines" (Diretrizes para o fabrico de baterias). Washington, D.C.: Agência de Proteção Ambiental dos EUA (EPA). 12 de junho de 2017.

>   "Effluent Limitations Guidelines and Standards for the Steam Electric Power Generating Point Source Category" (Orientações e normas sobre limitações de efluentes para a categoria de fontes pontuais de produção de energia eléctrica a vapor). EPA. 30 de setembro de 2015.

>   "Redução dos custos e dos resíduos no tratamento de águas residuais por dessulfuração de gases de combustão". Power Mag. Electric Power. março de 2017. Recuperado em 6 de abril de 2017.

>   Agência Europeia do Ambiente. Copenhaga, Dinamarca. "Indicador: Carência bioquímica de oxigénio nos rios (2001)". Archived 2006-09-18 at the Wayback Machine

>   EPA (2002-09-12). "Diretrizes de limitação de efluentes e normas de desempenho de novas fontes para a categoria de fontes pontuais de produção aquática concentrada de animais". Regra proposta. Registo Federal, 67 FR 57876

>   "Diretrizes para os efluentes do processamento de produtos lácteos". EPA. 30 de novembro de 2018.

>   Technical Development Document for the Final Effluent Limitations Guidelines and Standards for the Meat and Poultry Products Point Source Category (Relatório). EPA. 2004. EPA 821-R-04-011.

>   "7. Caracterização das águas residuais". Documento de Desenvolvimento para as Diretrizes e Normas Finais de Limitação de Efluentes para a Categoria de Fontes Pontuais de Fabrico de Ferro e Aço (Relatório). EPA. 2002. pp. 7-1ff. EPA 821-R-02-004.

>   "Diretrizes para os efluentes do acabamento de metais". EPA. 5 de julho de 2019.

>   "Diretrizes para os efluentes de produtos e máquinas". EPA. 16 de julho de 2018.

>   Documento de desenvolvimento das diretrizes e normas de limitação de efluentes para a categoria de extração e transformação de minerais (relatório). EPA. julho de 1979. EPA 440/1-76/059b.

>   Documento de desenvolvimento para a categoria de extração de carvão (relatório). EPA. setembro de 1982. EPA 440/1-82/057.

>   Development Document for Final Effluent Limitations Guidelines and New Source Performance Standards for the Ore Mining and Dressing Point Source Category (Relatório). EPA. novembro de 1982. EPA 440/1-82/061.

>   "Biosorção de estrôncio de águas residuais nucleares simuladas por Scenedesmus spinosus em condições de cultura: Processos e Modelos de Adsorção e Bioacumulação". Int J Environ Res Public Health. 2014. doi:10.3390/ijerph110606099.

>   Development Document for Interim Final Effluent Limitations Guidelines and Proposed New Source Performance Standards for the Oil and Gas Extraction Point Source Category (Relatório). EPA. setembro de 1976. pp. 41-45. E

>   PA 440/1-76/055a.

>   Development Document for Effluent Limitations Guidelines, New Source Performance Standards and Pretreatment Standards for the Organic Chemicals, Plastics And Synthetic Fibers Point Source Category; Volume I (Report). EPA. outubro de 1987. EPA 440/1-87/009.

>   Guide for the Application of Effluent Limitations Guidelines for the Petroleum Refining

Industry (Relatório). EPA. junho de 1985. p. 5.

> Documento de orientação para as licenças: Categoria de fonte pontual de fabrico de pasta de papel, papel e cartão (relatório). EPA. 2000. pp. 4-1ff. EPA-821-B-00-003.

> Development Document for Effluent Limitations Guidelines and Standards for the Nonferrous Metals Manufacturing Point Source Category; Volume 1 (Report). EPA. maio de 1989. EPA 440/1-89/019.1.

>

Printed by Books on Demand GmbH, Norderstedt / Germany